그림이 있는 여행

실내건축가 이창근의 스케치이야기

이 책을 내며...

지난 수년 동안 여러 나라를 여행하면서 그렸던 SKETCH를 담아 세 번째 책을 출간하게 되었습니다.

항상 여행을 준비하면서 스케치북을 먼저 챙기게 된 이유는 사진으로 보관해둔 기억보다 스케치를 통한 기억이 오래도록 잊혀지지 않는다는 진리를 발견하면서부터였습니다.

이 책이 젊은 건축가나 디자이너들에게 '여행 스케치가 디자인 작품 활동에 많은 도움이 된다' 는 것을 알리는 계기가 되었으면 합니다.

더불어, 이번 출판에 도움을 준 세 딸과 사위, 같이 여행스케치에 동참한 아내, 그리고 친구들에게 감사의 말씀을 전하고 싶습니다.

2012년 11월 이창근

Contents

Austria — 7
Czech — 27
Switzerland — 43
Germany — 51
Denmark — 61
Sweden — 71
Finland — 73
Russia — 79
Poland — 89
Macau — 95
China — 101
Korea — 143
Shanghai — 161
Japan — 177
Brunei — 187
Croatia — 191
Slovenia — 219
Bosna — 227

Austria

정식 명칭은 오스트리아공화국(Republic of Austria)이다.

북쪽으로 독일 · 체코, 동쪽으로 헝가리 · 슬로바키아, 남쪽으로 슬로베니아 · 이탈리아, 서쪽으로는 스위스와 리히텐슈타인에 접한다. 유럽의 6개 영세중립국 중 하나이며, 헌법에 영속적 중립성을 명시했다. '동쪽 제국(eastern empire)' 이라는 뜻의 국명은 독일어(語)로 'Osterreich' 라고 하며, 'Old German Ostarrichi' 에서 유래했다. 행정구역은 9개주 Bundesland)로 되어 있다.

[출처]_두산백과

비엔나 시청사 [Vienna City Hall]

링안에 있는 시청사는 신고딕 양식의 건물로 1883년에 완성되었다.
비엔나는 음악의 도시라 불릴만큼 매년 수많은 작품들이 공연되고 연주되는데, 특히 5월과 6월 사이에는 이곳 시청사 앞에서 비엔나 페스티발이 열리고 7월부터 9월 사이에는 비엔나 여름 음악 기간으로 곳곳에서 약 100여 개의 크고 작은 콘서트가 개최된다. 자유로운 분위기 속에서의 여름밤을 음악으로 수놓는 시청 앞 뜰에서의 야외 필름 페스티발에서는 세계적으로 유명한 작품, 지휘자 및 오케스트라의 콘서트, 그리고 오페라가 필름으로 상영된다. 또 겨울에는 크리스마스 마켓이 열려 항상 시민들과 관광객들이 붐비는 곳이기도 하다.

슈테판 대성당 [Stephan Cathedral]

빈을 상징하는 오스트리아 최대 고딕 양식 건물로 구시가지 중심부에 위치한다. 12세기 중엽 로마네스크 양식의 작은 교회가 건설된 것이 시초며, 14세기 루돌프 4세가 고딕 양식 대교회로 다시 짓게 했다.
800년 이상의 역사를 자랑하며 공사기간만 65년이 소요되었다. 제2차 세계대전 당시 화재로 내부가 소실되었지만 국민이 성금을 모아 1948년 현재의 모습으로 복원되었다. 성당 이름은 그리스도교 역사상 최초의 순교자로 기록된 성인(聖人) 슈테판에서 유래한 것이다.
건물 길이가 107m, 천장 높이가 39m에 이르며, 첨탑은 높이가 137m에 달한다. 25만 개의 청색과 금색 벽돌로 만든 화려한 모자이크 지붕이 눈에 띄며 사원 북측 종루탑은 엘리베이터로, 남측 탑은 계단을 따라 올라갈 수 있다.
남측 탑 꼭대기에 올라가면 빈 시내가 파노라마처럼 펼쳐진다. 1782년에는 모차르트의 결혼식이 있었고, 1791년에는 모차르트의 장례식을 치른 곳이다. 매년 12월 31일 빈 시민은 슈테판 대성당 앞 광장에 모여 새해를 맞이한다.

빈 시민공원 [Vinnese City Park]

빈의 첫 시립공원으로 1862년에 조성되었다. 바이올린을 켜는 요한 스트라우스 황금빛의 상은 1921년에 생겼는데 1932년에 검은색으로 칠해졌다가 1991년에 다시 금색으로 바뀌었다. 슈베르트와 브루크너 기념상도 있다. 1년 내내 꽃을 피울 수 있도록 꽃이 다양하고 수목이 우거져 아름답다.

시민공원 [Stadtpark]

1820년에 조성되었다. 빈에서 가장 오래된 공원이다. 약 백년 전에 이 공원은 빈의 귀족들이 사교의 장소로 사용하던 곳이었다. 프랑스 풍으로 꾸며진 정원 안에는 입장료를 지불해야만 들어갈 수 있는 소위 '귀족 구역' 이 따로 있을 정도였다. 그러나 현재는 빈 시민들의 편안한 휴식처가 되었다.

아테네의 신전을 본 떠서 만든 테세우스의 신전이 유명하고 공원의 북쪽 코너에는 1907년 암살된 황후 엘리자베스의 조각상이 있다. 온몸이 금색으로 된 음악가 요한 슈트라우스의 조각상은 여행객들에게 특히 인기가 있다. 모차르트의 동상 근처에는 화려한 아르누보 양식의 유리 온실이 있는데, 이 안에는 외국에서 들여 온 다양한 종류의 나비들이 살고 있다. 온실 주변에 카페와 레스토랑이 있어 아름다운 공원 안에서 분위기 있게 차를 마시거나 식사를 할 수도 있다.

훈데르트바서 하우스 [Hundertwasserhaus]

이 건물은 비엔나의 유명한 랜드마크인 훈데바르트바서 하우스이다. 오스트리아가 자랑하는 화가이자, 생활디자이너, 건축가, 환경주의자, 평화주의자인 프리덴슈라이히 훈데르트바서(Friedensreich Hundertwasser, 1928~2000)가 비엔나 중심가에 있던 낡은 시영아파트를 생물이 살아 숨 쉬는 아파트로 개조한 건물이다. 이 아파트는 '건물에 자연을 심는다.', '공유와 소통의 공간을 중시한다.', '외관 뿐아니라 기능도 친환경이어야 한다.' 등의 철학을 그대로 담고 있다.

황금월계관 예술가모임단체 건물 [Secession]

제체시온(분리파)은 원래 바그너의 영향을 받아 역사주의로부터 분리하려고 요제츠 마리아 올브리히와 클림트가 결성한 예술학파이다. 이들의 활동 거점으로 삼기 위해 1898년에 건설한 것이 제체시온이다. 이 건물의 지하엔 34m의 길이의 클림트의 프레스코 벽화 '베토벤 프리즈(Beethovenfries)' 가 있다. 9번 교향곡 마지막 악장인 '환희의 송가' 를 표현한 것인데 제체시온 개막식때엔 말러가 이끄는 빈 필하모닉 오케스트라의 금관악기 주자들이 '환희의 송가' 를 이 방에서 연주했다고 한다.

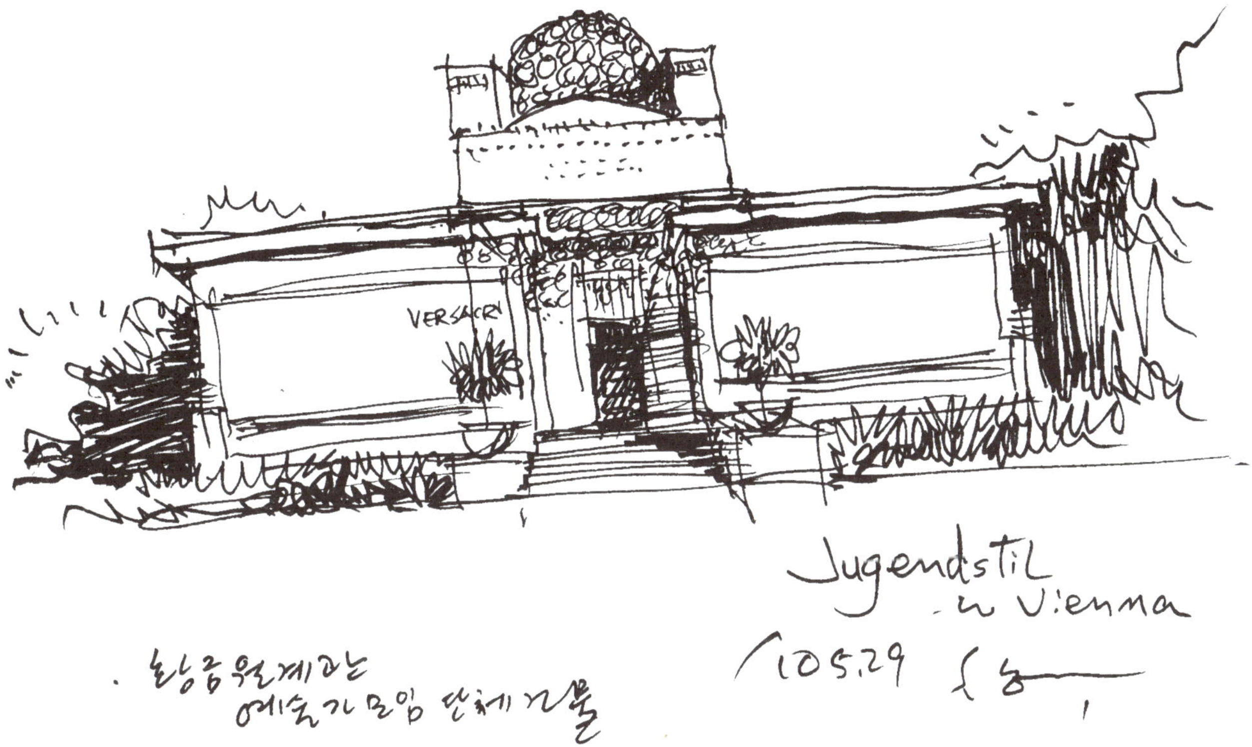

비엔나 Seminarzentrum Hotel

조용하고 평화로운.......그에 비해 객실은 매우 넓고 훌륭한 서비스와 맛있는 아침식사......

쉔브른궁전 [Schloss Schonbrunn]

마리아테레지아 때 완공되어 마리아테레지아와 그의 후손들이 함께 꾸며나간 궁전이다. 중국식으로 꾸며진 방, 모차르트가 5살때 여왕 앞에서 연주했던 방 등 의미있는 방들이 많다.

성 니콜라스 성당 [Saint(St.) Nicholas Cathedral]

13세기부터 지어진 고딕양식의 교회이다. 1635년에 베네딕트 교회파가 수도원을 증축하였고, 1787년에 교회와 수도원이 폐지되었으나 1865년 부터는 콘서트 홀로 사용되다가 1871-1920년까지는 정교회 건물로 사용되어졌다.

잘츠부르크 [Salzburg]

Franziskanerkirche(Church of the Franciscans)
대성당 앞 돔광장에서 Franziskanergasse 거리를 따라 축제극장 쪽으로 조금 나가면 보이는 예수님의 죽음을 그린 벽화가 있는 주랑에 연결된 교회로 천정이 다른 교회와 달라 색다른 분위기를 풍긴다.
대성당, 성 페터 교회와 함께 가까이 모여 있는 교회로 위치는 대성당 앞에 있으며 성 페터 교회(왼편 위치)와 삼각형 형태로 자리잡고 있다.

잘츠부르크 [Salzburg]

모차르트의 탄생지인 잘츠부르크는 '소금의 성' 이라는 이름답게 소금무역을 통해 영화를 누린 역사의 흔적이 시가 곳곳에 잘 보존되어 있다. 또 잘츠부르크 음악제, 영화 사운드오브 뮤직의 무대로도 유명하다.

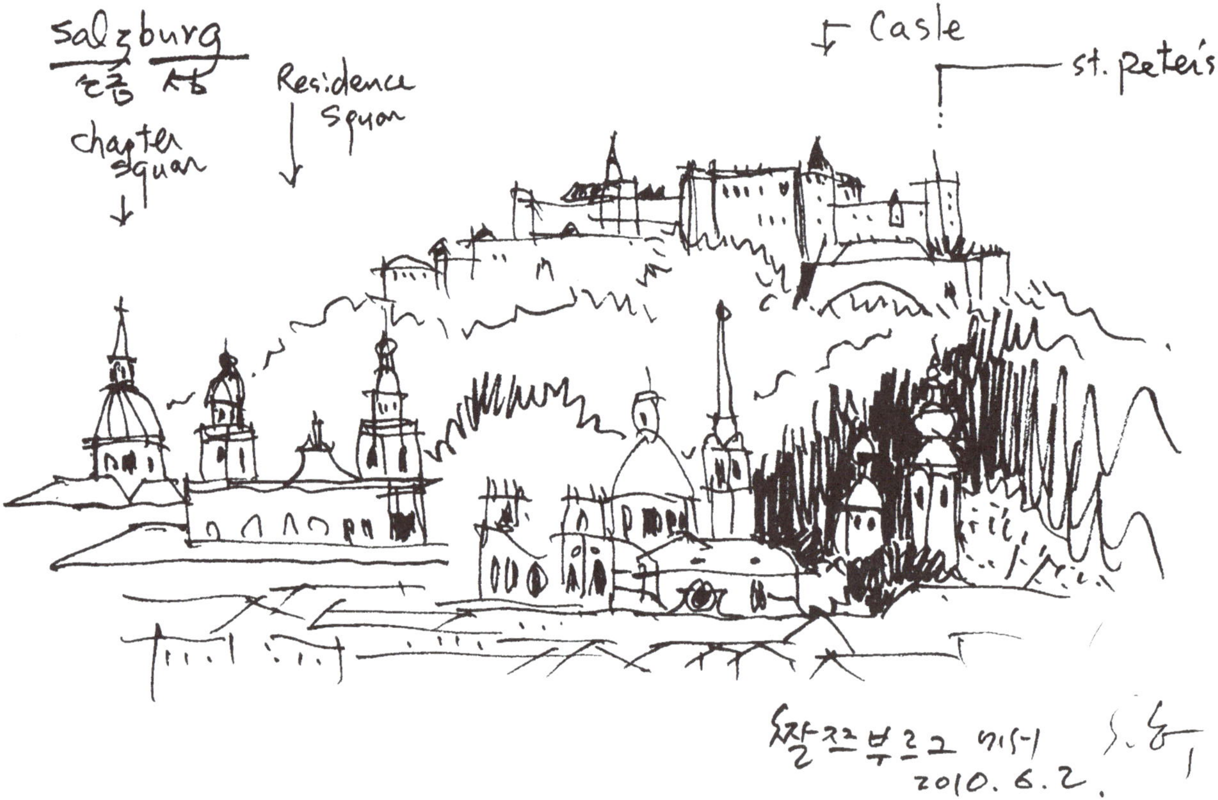

볼프강 호수 [Wolfgangsee Lake]

오스트리아 잘츠카머구트(Salzkammergut) 지역에 있는 빙하호수.
면적은 13km^2, 수심은 114m이다. 호수 대부분은 잘츠부르크주(州)에 위치하며, 잘츠카머구트 지역의 여러 호수 중에서도 널리 알려져 있다. 연안에 스트로블(Strobl), 시장도시(市場都市)인 장크트 볼프강(St. Wolfgang), 아버제(Abersee), 리트(Ried) 마을이 포함된 장크트 길겐(St. Gilgen) 같은 도시가 있다. 10세기 말 이곳에 최초로 교회를 세웠다고 전해지는 레겐스부르크(Regensburg) 주교인 성(聖) 볼프강에서 호수 이름이 비롯되었다.
북서쪽에서 남동쪽으로 10.5km에 걸쳐 길게 뻗어 있고, '엥게(Enge)' 라는 이름의 반도형(半島形) 지형에 의해 크게 두 부분으로 나누어진다. 호수 전체가 잘츠카머구트 산악지대로 완전히 둘러싸여 있으며 북쪽 사면에 위치한 샤프베르크산(Schafberg Mt.: 1,782m) 정상까지 톱니 궤도식 철도인 래크레일식 철도(rack railway)가 운행된다.

하스 하우스 [Hass-Haus]

건축가 한스 홀라인이 원형과 직선, 검은 유리와 회색 대리석의 조화를 강조하여 1990년에 완공하였다.
현대식 쇼핑 센터와 유리벽에 반사되는 스테판 대성당의 모습이 예술의 조화를 빚고 있다.

라트하우스 [Rathaus, 시청]

돔 건축가 프리드리히 슈미드가 설계한 신고딕의 건물로 섬세한 모습의 5개의 뾰족탑과 20,000㎡의 팔라스트, 정원의 조화는 신 고딕의 절정인 듯하다. 링거리에서 보면 먼저 눈에 들어오는 98m 높이의 중앙 탑, 그 위에 서있는 라트하우스만 3.4m, 창까지 합치면 5.5m이다. 여름엔 정규적으로 아르카덴호프 실외 콘서트가 열린다.

부르크카펠레 [Burgkapelle]

호프 부르그 왕궁 안에 있는 건물 중 하나로, 13세기 섬세한 고딕형으로 증축되고 다시 바로크형으로, 1802년 재고딕형으로 마무리된다. 이 곳에서는 7~9월을 제외한 매주 일요일과 종교 축일에 미사가 집전되는데 이 때 천사의 목소리라 하는 빈 소년 합창단의 예배 봉사가 있다.

스테판 대성당 [Stephansdom]

로마시대의 바질리카(대성당)이 불항하게도 대화재로 소멸되었고 1258년 로마형으로 재건축되었다. 그 뒤 고딕형으로 개조되었고 현재의 스테판 대성당으로 자리매김하였다. 빈 시민으로부터 "스테흘"이란 애칭으로 불리는 137m 높이의 탑은 고딕형의 최고 건축기술로 인정받고 있으며, 오스트리아 수도 빈의 상징으로 부각되고 있다. 북쪽탑 60m 높이에 걸려있는 종은 푸메린이란 애칭으로 빈 주민사이에서 불리우며 세계에서 가장 큰 종으로 유명하다. 스테판 대성당은 그 독특성과 함께 대성당을 구성하는 세부사항에 관한 수천여 가지의 구체적인 묘사를 통해, 미술사와 건축학을 위한 귀중한 보고가 되었다.

페터스성당 [Peterskirche]

이 건물은 1733년 축성하였으며 빈 시가 자랑하는 바로크성당으로, 내부에 꾸며진 장식품들이 볼만한 문화재들이다. 미카엘 로트마이어의 둥근 천장화, M.알토몬테의 제단화, 그 당시 유명한 예술가들의 손길을 구석구석 느낄 수 있으며, 성 가족으로 구며진 제단화와 그 아래 놓여있는 성 도나투스의 유해도 볼 수 있다.

미카엘러 성당 [Michaelerkirche]

광장 안에서 주위를 돌아보면 호프부르그, 루스하우스, 미카엘성당(구 왕궁 성당)이 눈에 띈다. 이 성당은 13세기에 세워진 성당의 잔재, 시대의 흐름과 함께 각 문화사로 미화되고 확장되었다. 1430년경 고딕작품인 나무 피에타상, 1510년 나무 십자가, 1350년 코아카펠레 오른쪽의 성녀 카타리나와 니콜라우스 돌상과 함께 귀족들의 무덤으로 유명한 성당이다.

칼스성당 [Karlskirche]

페스트가 심하게 돌던 1713년 제왕 칼6세는 빈시민을 위하여 페스트 수호성인 칼 보로뫼우스의 봉헌성당을 건설하였다. 바로크식 외 다양한 문화양식이 혼합되어 조화를 이루는 성당, 넓이 80m, 폭 60m, 높이 72m의 타원형 지붕6개 흰색기둥과 삼각형 지붕모양의 입구는 그리스 신전을, 양옆에 붙어있는 파고다형의 건물은 동방을 연상케 한다.

Czech

정식명칭은 체코공화국(The Czech Republic)이다. 북쪽으로 독일 · 폴란드, 서쪽으로 독일, 남쪽으로 오스트리아, 동쪽으로는 슬로바키아와 국경을 접한다. 체코슬로바키아는 동유럽공산주의 국가 중 최고의 생활수준과 높은 문화를 유지한 공업국가이었다. 체코인과 슬로바키아인의 민족적 · 언어적 · 문화적 이질감과 경제적 차이를해소하기 위하여 1990년 슬로바키아공화국과 연방제를 구성하였다가 평화적으로 분리 · 독립하여 체코공화국이되었다. 행정구역은 13개주(kraj), 1개 특별시(hlavni mesto)로 되어 있다. [출처]_두산백과

스트라호프 수도원 [Strahov Monastery]

프라하 구시가지의 블타바강(江) 맞은편 언덕에 있는 프라하성(城)에서 서쪽으로 걸어서 10분 정도 거리에 있는 스트라호프 광장(廣場)의 남쪽에 위치하고 있다. 플라디슬라프 2세 때인 1140년에 건립되었으나, 그 뒤 전쟁과 화재 등으로 인해 소실되거나 파괴되어 본래의 모습은 많이 남아 있지 않다. 지금의 건물은 17~18세기에 다시 지어진 것이다. 따라서 중세부터 근대에 이르기까지 여러 건축 양식이 혼합된 복합 건축 양식을 띠고 있다.

1783년 수도원 해체령이 내렸을 때는 학자들의 연구기관으로 지정되어 해를 면하였고, 이후 수도승들의 중심지 역할을 하였다. 1951년 사회주의 정권이 들어서면서 폐쇄되었다가, 1953년 체코 국립문학박물관으로 바뀌었고, 1989년 사회주의 정권이 물러나면서 다시 수도원 기능을 회복하였다. 현재는 문학박물관이자 수도원으로서 두 가지 기능을 동시에 수행하고 있다.

프라하성의 전경 [View of Prague Castle]

체코를 대표하는 국가적 상징물이자, 유럽에서도 손꼽히는 거대한 성이다. 9세기 말부터 건설되기 시작해 카를 4세 때인 14세기에 지금과 비슷한 모습을 갖추었고, 이후에도 계속 여러 양식이 가미되면서 복잡하고 정교한 모습으로 변화하다가 18세기 말에야 현재와 같은 모습이 되었다. 프라하 구시가지의 블타바강(江) 맞은편 언덕에 자리잡고 있으며, 길이는 570m, 너비는 128m이다. 9세기 이후 통치자들의 궁전으로 사용된 로브코위츠 궁전 외에 성(聖) 비투스 대성당, 성 조지 바실리카, 성 십자가 교회 등 3개의 교회와 성 조지 수도원 등의 다양한 부속건물로 이루어져 있다.
처음 건설될 당시에는 로마네스크 양식으로 지어졌으나, 13세 중엽에 초기 고딕 양식이 첨가되었고, 이어 14세기에는 프라하 출신인 카를 4세에 의해 왕궁과 성십자가교회 등이 고딕 양식으로 새롭게 건축되면서 이 때부터 체코를 대표하는 상징물이 되었다. 그 뒤 블라디슬라프 2세 때 후기 고딕 양식이 가미되고, 1526년 합스부르크왕가가 이 지역을 지배하면서 다시 르네상스 양식이 도입되었다. 그러다 바로크시대인 1753년부터 1775년 사이에 지금과 같은 모습을 갖추었는데, 시작에서 완성될 때까지 900년이나 걸렸다.

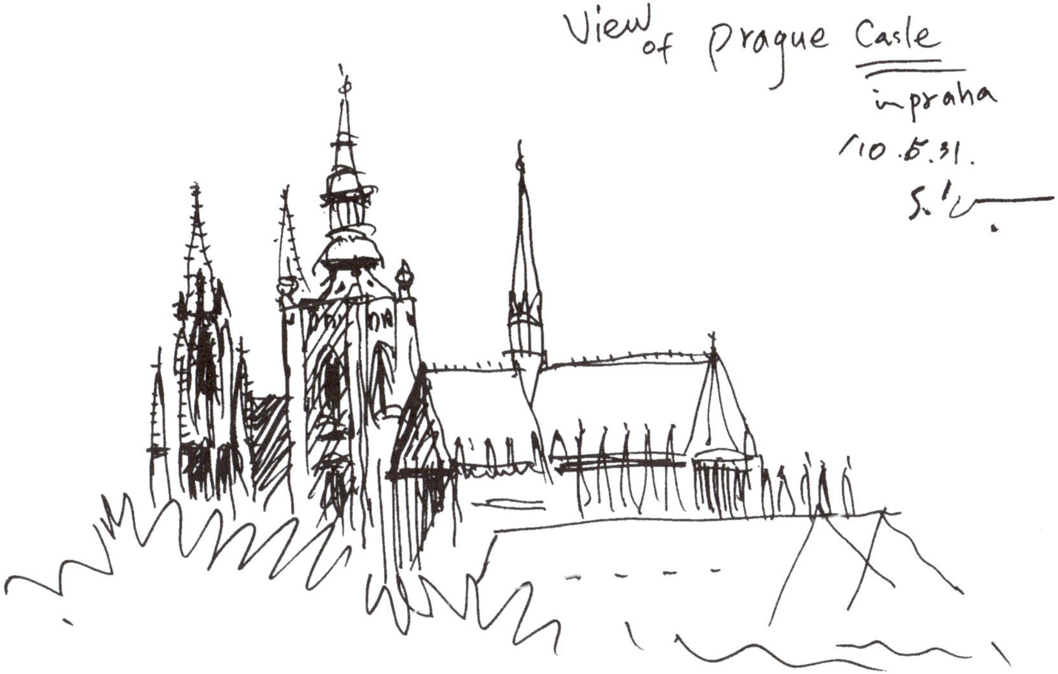

프라하성, 소시가지 [Lesser town]

프라하는 형성시기에 따라 옛 시가지, 소 시가지, 새 시가지로 구분된다. 12세기부터 본격적인 도시 형태를 갖추며 번성하기 시작하다가 14세기 신성로마제국의 수도가 되면서 명실상부한 유럽의 중심지가 됐다. 제국의 황제였던 카를 4세는 프라하성, 신 시가지 등을 잇달아 건설해 프라하의 전성기를 주도했다.

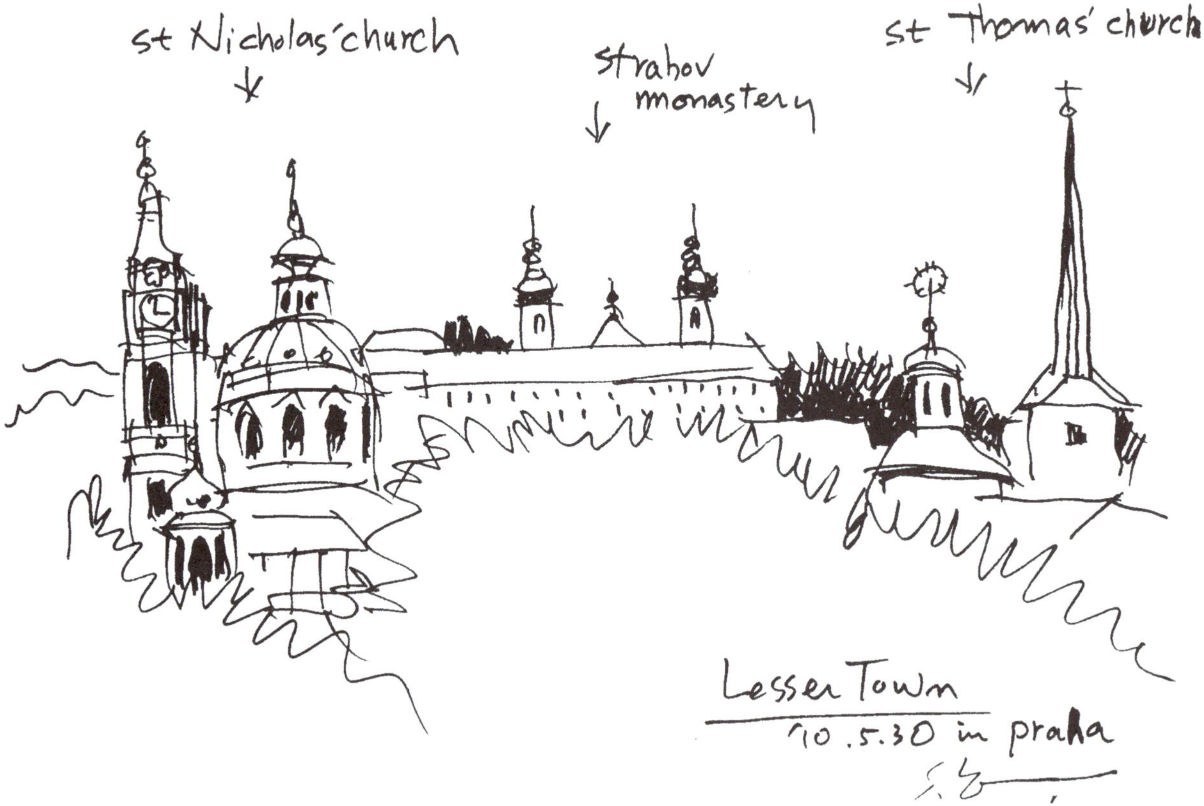

까를교탑 [Bridge Towers]

까를교(Charles Bridge)의 입구로 소지구쪽 교탑이다. 말라 스트라나 교탑 중 키가 작은 것은 로마네스크 양식의 타워이고, 키가 큰 것은 고딕 양식의 타워인데 1420년경 건축되었다. 프라아 화약탑이라고도 불리며 중세 프라하의 성곽 출입문으로 15세기에 지어졌으나 그 후 파괴된 것을 네오고딕 양식으로 복원하였다.

Waldstein Hotel

프라하의 중심 지역 중 하나인 말라 스트라나(Mala Strana) 지역에 위치하며 프라하성 바로 밑에 자리하여 공항에서 차로 30분 거리다. 까를교(Charles Bridge) 및 구 시가지 광장(Town Square)에서 불과 몇 걸음 거리이며, 바츨라프 광장(Wenceslas Square) 등의 명소들과는 트램으로 편리하게 연결되어 있다.

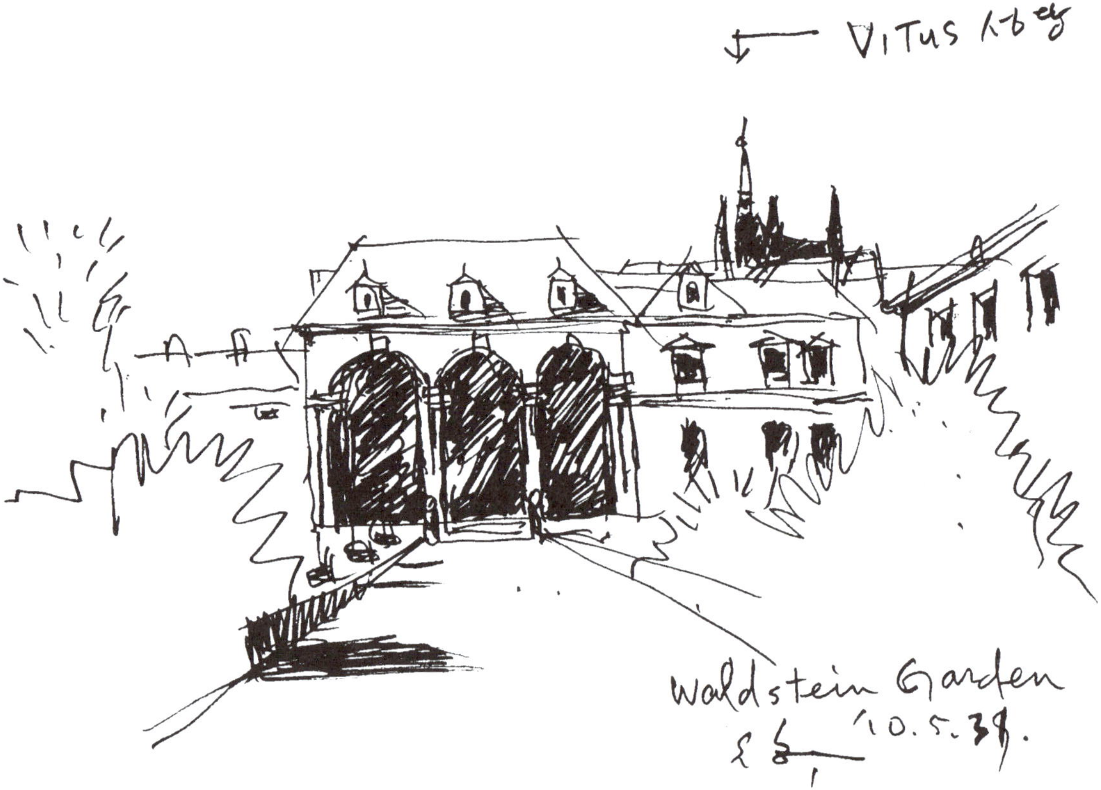

성 비토 성당 [Kostel sv. Vita]

볼타바 강변에 자리잡은 후기 고딕 양식의 교회이다. 성 비토 성당은 15세기에 지어진 건물이며 건물 서쪽에는 좁고 높은 탑이 서 있다.

성탑, 흐라데크 타워 [Castle Tower, Hradek Vezi]

세계 300대 건축물의 하나인 체스키 크룸로프성은 13세기 중엽부터 19세기에 이르기까지 600여 년간 고딕, 르네상스, 바로크 및 로코코 양식으로 증축, 개축된 몇 안되는 세계적인 유산이기도 하다. 성에서 가장 오래된 르네상스 양식의 건물은 성탑이라고 불리는 흐라데크 타워이다. 이 탑은 14세기에 벽에다 그림으로 입체감을 표현한 스그라피토(Sgraffito) 양식으로 표현한 6층 높이의 탑이다.

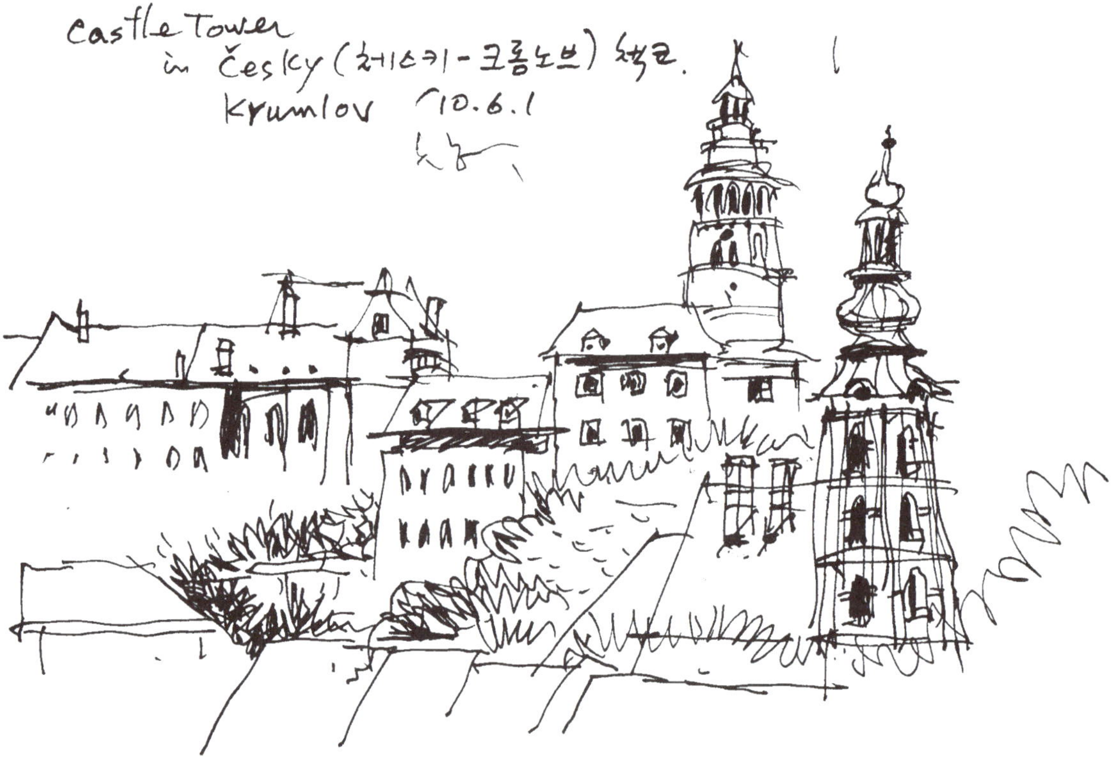

프라하성 [Prague Castle]

9세기 중엽 보르지보이 왕이 건설한 성을 14세기 들어 카를 4세가 지금 모습으로 완성했다. 1918년 체코슬로바키아 공화국이 성립되면서 대통령 관저로 쓰기 시작했으며, 성의 일부는 지금까지 대통령 집무실과 영빈관으로 사용한다. 성으로 들어가는 문은 흐라트차니 광장과 접한 정문, 말라 스트라나와 면한 동문, 성 정원 쪽으로 나가는 북문이 있다.

정문으로 들어서면 제1정원이 나온다. 국빈이 방문하면 맞이하는 곳이다. 이어 제2정원으로 들어가면 17세기에 만든 바로크 양식의 분수를 볼 수 있다. 제2정원 오른편에 위치한 건물이 대통령 관저다. 제3정원으로 들어서면 성 비투스 대성당을 만난다. 좀더 위쪽으로 들어가면 성 이르지 교회와 황금 소로 등을 볼 수 있다.

성 비토 성당 [Kostel sv. Vita]

후기 고딕 양식의 종탑은 성탑인 흐라데크 타워와 더불어 체스키 크룸로프에서 가장 높다. 교회의 내부에는 그물 모양의 볼트와 바로크 양식의 제단이 있다. 1992년 유네스코에서 세계문화유산으로 지정하였다.

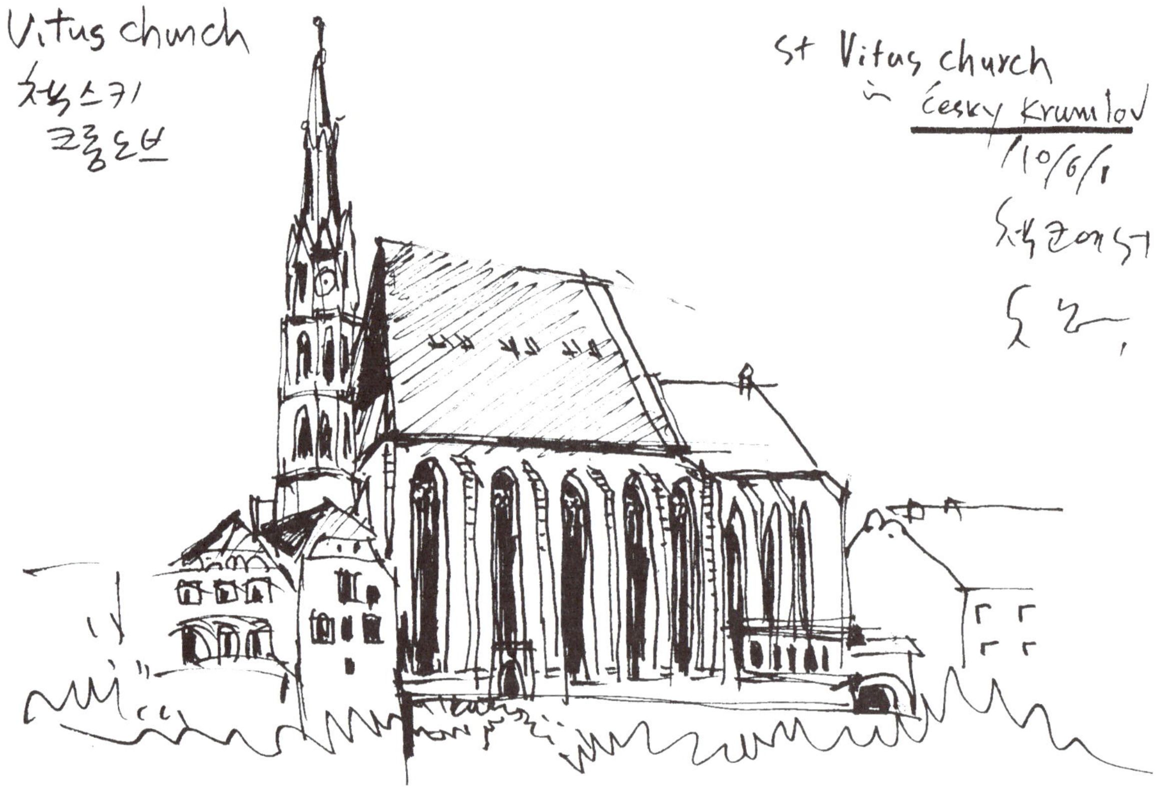

성 비투스 대성당 [St. Vitus's Cathedral]

날아오를 듯 높이 솟은 프라하성 내부의 대성당.

보헤미아의 군주들이 대관식을 올리고 사후 매장되어 온 장소인 성 비투스 대성당은 프라하에서 가장 큰 교회일 뿐 아니라 가장 중요한 교회이기도 하다. 성당의 기원은 925년, 벤체슬라우스 1세(바클라프) 공작이 신성로마제국 황제로부터 받은 성물인 성 비투스의 팔을 보관하기 위해 교회를 지으면서 시작되었다.

틴 성모 교회 [Church of Our Lady before Tyn]

1365년 고딕 양식으로 건축한 교회로 성 비투스 대성당과 함께 프라하를 대표하는 종교 건축물로 꼽힌다. 작은 탑이 주변을 에워싸고 그 중앙에 우뚝 선 쌍탑이 인상적인데, 프라하 시내 어디에서든 보인다. 꼭대기가 금빛으로 빛나는 쌍탑은 높이가 80m로 높은 건물이 많지 않은 프라하에서 단연 눈에 띈다. 원래 쌍탑 사이에는 후스파를 상징하는 황금 성배가 있었는데 1621년 가톨릭 성당으로 개조하면서 황금 성배를 녹여 마리아 후광을 만드는 데 사용했다고 한다.

프라하 국립박물관 [Prague National Museum]

체코 프라하의 바츨라프 광장에 있는 3층으로 이루어진 체코 종합 박물관으로 체코에서 가장 오래된 역사가 있는 국립박물관이다. 1885-1890년에 지어진 네오 르네상스 양식의 건물이다. 고고학관, 광물학관, 문화인류학관으로 구성되어 있다.

체스키 크룸로프성 [Cesky Krumlov castle]

체코에서 프라하성 다음으로 큰 성이다. 고딕 양식의 최초의 성은 13세기 전반 영중의 명으로 볼타바강이 내려다 보이는 돌산 위에 건립되었다. 14세기 들어 현재 남아 있는 가장 오래된 건물인 르네상스 양식의 흐라데크 타워를 증축하였고, 16세기에 지붕의 둥근 탑과 회랑 등을 증축하였다.
1680년대에 에겐베르크 가문의 요한 크리스티안 1세가 바로크 식으로 성을 개축하였고, 뒤를 이어 슈바르젠베르크 가문의 후손들이 성을 광범위하게 수리하였다. 성 안에는 영주가 거주하던 궁전과 예배당, 바로크식 극장 등이 있는데 각각의 건물들은 정원으로 길게 연결되어 있다.

체스키 크룸로프의 Homi street

성 비토 성당 입구....
옛 시가지에는 체스키 크룸로프성을 중심으로 중세의 자취를 간직하고 있는 고딕 양식과 르네상스 양식의 건축물들이 잘 보존되어 있다.

Switzerland

북쪽으로 독일, 동쪽으로 리히텐슈타인 · 오스트리아, 남쪽으로 이탈리아, 서쪽으로 프랑스에 접한다.
정치적으로는 직접민주주의를 채택하여 국민들이 직접 국가 주요 정책에 참여하여 의사결정하는 정치구조이다. 유로존에는 가입하지 않고독립적인 통화정책을 유지하고있다.
행정구역은 26개주(canton)로 이루어진다. 역사적으로는 로마시대부터 이지역이 알려지기 시작했으며 켈트족의 한 갈래인 헬베티아족이 거친 산악지역을 일구며 거주했다. 중세를 거치면서 프랑크왕국에 이어 신성로마제국의 지배를 받았다. 1291년 스위스연방이 성립되었고신성로마제국의 막시밀리안 황제의 공격을 물리치고1499년 바젤조약에 의거하여 스위스는 독립국가로 인정되었다.
1815년 오스트리아 빈 회의에서 중립국이 되었으며 1971년이 되어서야 여성에게도 선거권을 부여하였다. 국토의 대부분이 알프스산맥의 능선에 걸쳐있고고원과 깊은 계곡, 호수가 많다.
이때문에 세계적인 풍광을 자랑하는 관광지가 발달되었으며 세계 최고의 관광산업국가로 평가받는다.
전통적으로 시계, 공구 등 정밀기계 산업이 발달되었으며 낙농업도 세계적인 수준이다.
[출처]_두산백과

루체른 호프 교회 [Hof Church]

호프 교회는 스위스에서 가장 중요한 르네상스 교회이다. 내부로 들어가면 1500년 정도 된 부조 기념비가 세워진 무척 사치스러운 "성모 마리아의 죽음" 제단을 볼 수가 있다. 호프 교회는 루체른 시의 주요 교회이다.

루체른 문화컨벤션센터 [KKL, Culture and Congress Centre in Lucerne]

스위스 루체른주(州)의 주도(州都) 루체른에 있는 다목적 건축물.
흔히 약자인 KKL로 부른다. 1934년 지은 예술컨벤션센터(Art and Convention Centre)가 노후하자 1995년 기존 건물을 철거한 후 같은 자리에 건설하기 시작하였고 1998년 클라우디오 아바오(Claudio Abbado)가 지휘하는 베를린필하모닉오케스트라의 공연으로 콘서트홀을 개관하였다. 2000년 루체른 미술관을 비롯해 전관을 개관하였다. 세계에서 음향시설이 가장 잘된 공연장을 갖춘 다목적 건축물이다. 루체른 중앙역 오른쪽의 루체른호(湖) 호반에 위치하며 루체른의 명물인 카펠 다리(Chapel Bridge)에서 100m 거리에 있다. 장 누벨(Jean Nouvel)이 설계한 건축물은 루체른의 현대적인 건축미를 보여준다. 건물 바로 앞에 유람선 선착장이 있으며, 수로 2개에 의해 건물 전체가 콘서트홀, 루체른홀, 컨벤션센터로 크게 나누어진다. 철구조물로 만든 넓은 지붕은 가장자리로 갈 수록 두께가 얇아진다.

루체른 호프 교회 [Hof Church]

도시의 대성당으로 수호성인인 St. Leodegar와 St. Maurice를 기리는 종교적인 중심지.
8세기경 베네딕트회 수도사들이 건설하였으며, 1633년 화재로 소실되었으나 1645년 완전히 복구한 이래 오늘에 이르고 있다. 스위스에서 가장 중요한 르네상스 풍의 교회로 인정받고 있다.

인터라켄 [Interlaken] 하더쿨럼 [Harder Kulm]

스위스 중부 베른주 인터라켄 북쪽 고지에 자리한 전망대.

오스트역 인근의 케이블카 승강장에서 케이블카를 타고 8분 정도 오르면 나온다. 인터라켄 북쪽에 위치한 해발 1,322m 높이의 전망대로, 인터라켄의 일부와 브리엔츠호가 바라보이며 아기자기한 마을과 융프라우, 티틀리스산, 니젠산 등 주요 산들과 뛰노는 산짐승도 볼 수 있다. 해질녘에 바라보는 알프스의 모습이 가장 아름다우며 인터라켄 거리에서는 볼 수 없는 묀히봉, 아이거봉의 모습도 볼 수 있다. 케이블카 승강장 부근은 야생식물 보호구역으로, 알프스의 야생동물들이 살고 있다.

노이슈반슈타인성 [Neuschwanstein]

퓌센의 동쪽에 있는 이 성은 부왕(父王) 막시밀리안 2세가 사들인 슈방가유 재지귀족(在地貴族)의 옛 성채의 하나로서, 1869년부터 짓기 시작하였으나 1886년 루트비히의 죽음으로 공사가 중단된 채 남아 있다. 루트비히가 1867년에 방문한 바 있는 발트부르크 성채와 베르사유 궁전 등을 그 전형으로 삼았다. 독특하고도 낭만적인 느낌을 주는 성으로, 이 성을 본떠 만든 것이 바로 디즈니랜드성이다.

네카어강 [Neckar R.]

라인강의 지류로서 길이 367km이다. 도나우강의 상류 가까이에 있는 슈베닝겐 암 네카어(Schwenningen am Neckar) 가까운 슈바르츠발트에서 발원한다. 북쪽과 북동쪽으로 슈바벤알프스 지역의 북서쪽을 따라 흐르면서 튀빙겐과 기타 여러 소도시들을 경유한다.
플로힝겐(Plochingen)에서 북서쪽으로 방향을 바꾸어 슈투트가르트를 통과한다. 북쪽으로 계속 진행하는 동안 계곡은 더욱 넓어지고 깊어지며 포도나무가 뒤덮인 언덕과 중세의 고성(古城) 사이를 지난다. 그리고 하일브론과 에베르바흐(Eberbach)를 지난 뒤에는 서쪽으로 방향을 돌려 남부 오덴발트의 숲이 우거진 언덕을 통과한다.
네카어슈타이나흐(Neckarsteinach)와 네카어게뮌트(Neckargemund)에서 방향을 돌려 쾨니히슈툴산(Konigstuhl Mt.: 566m) 아래를 지나 하이델베르크를 통과하여 만하임의 오른쪽에서 라인강과 합류한다. 플로힝겐까지 운하로 만들어져 1000t까지 항행이 가능하기 때문에 남서부 수상교통에 큰 역할을 담당하고 있다.

엘리자베스 교회 [Elisabethenkirche]

스위스의 바젤은 독일어권 문화이며 오랫 동안 전쟁을 하지 않아서인지 오래된 날카로운 첨탑이 달린 엘리자베스 교회 같은 건물들이 남아 있다.
이 밖에도 로마네스크와 고딕 양식의 뮌스터 교회, 후기 고딕 양식의 시청사, 그리고 바젤에서 가장 오래된 종교 건물인 장크트 마르턴 교회와 지금은 역사박물관으로 쓰이고 있는 14세기 프란체스코 수도회 교회 등이 있다.

Germany

정식명칭은 독일연방공화국(Federal Republic of Germany)이고, 영어로는 Germany이다. 북쪽으로 북해 · 발트해(海)에 면하고 덴마크와 접하며, 동쪽으로 폴란드 · 체코, 남쪽으로 오스트리아 · 스위스, 서쪽으로 프랑스 · 룩셈부르크 · 벨기에 · 네덜란드와 접한다. 국경선 안쪽으로 알프스산맥 · 라인강 · 나뉴브강 · 슈바르츠발드산맥이 자리하고 있다. 행정구역은 16개주(Land·구동독지역 5개주)로 되어 있다. EU(European Union:유럽연합)의 창설국이며 EU에서 가장 인구가 많은 국가이다. [출처]_두산백과

프리드리히궁 [Heidelberg Schloss]

하이델베르크 고성.

1607년 완공된 프리드리히궁은 관광객이 가장 많이 찾는 곳이다. 바로 이 궁전 지하층에 세계에서 가장 큰 포도주통이 있기 때문이다. 건물 정면 각 층에 질서정연하게 세워져 있는 인물조각품 16개도 눈길을 끈다. 이 조각품들의 주인공은 모두 신성로마제국 당시 선제후들이다. 이들 중에는 하이델베르크 대학을 세운 루프레히트1세와 대형 포도주통을 처음 만든 요한 카시미어도 포함되어 있다. 현재 조각품은 모두 복제품이고 본래 작품은 궁전 내부에 따로 보관하고 있다.

하이델베르크 고성 앞 교량탑

카를 테오도어 다리(Karl Theodor Brucke).
독일 바덴뷔르템베르크주(州) 하이델베르크에 있는 다리이다. 처음에는 나무로 되어 있었는데, 강물이 불어나거나 폭설이 내리거나 불이 나면 쉽게 파괴되어 선제후 카를 테오도어가 돌로 다시 짓도록 명령하였다.
이에 1788년 네카어강(Neckar River) 위에 카를 테오도어 다리가 놓여지게 되었다. 시내 방향에 있는 문은 중세 시대에 도시 성벽의 일부였던 것이 현재까지 보존되어 있는 것이다. 다리 아래 부분이 아치형으로 되어 있어, 완만한 곡선을 이루는 산과 아름다운 조화를 이룬다.

하이델베르크 철학자의 길 숲의 저택들

철학자의 길(Philosophenweg).
독일 바덴뷔르템베르크주(州) 하이델베르크에 있는 유명한 산책로이다.
독일 하이델베르크. 헤겔, 야스퍼스, 하이데거 등 여러 철학자들이 이곳을 산책하며 명상에 잠기고 영감을 얻었다는 것에 유래된 곳이다.
하이델베르크 대학교를 중심으로 활약하던 철학자들이 즐겨 찾기도 했지만, 아름다운 이곳을 걸어서 산책하다 보면 철학에는 문외한인 사람이라도 철학가 못지않은 사색에 잠긴다 하여 붙여진 이름이다.
전철이 위로 다니고 있는 테오도르 호이스 다리 쪽에서부터 시작하여 카를 테오도르 다리가 있는 곳까지 산 중턱으로 걸어서 산책할 수 있으며, 중간에는 철학자의 뜰이 있어서 잠시 쉴 수도 있다.
철학자의 거리에는 많은 종류의 식물이 자라고 있고, 또 온난한 기후 때문에 일찍 꽃이 핀다고 한다.
이 산책로 위에서 내려다보면 하이델베르크성과 네카어강(Necker River) 및 구시가지가 한눈에 보인다.

하이델베르크 고성 앞 교량탑

카를 테오도어 다리(Karl Theodor Brucke).
네카어강에 놓여 있는 이 다리는 원래 나무다리였는데, 호우 때마다 망가져 1786-1788년 사이에 세웠다고 한다.
하이델베르크의 구시가에서 철학자의 길을 연결해 주는 다리이다. 아치모양의 다리 끝 부분에는 2개의 뾰족탑으로 이루어진 마을을 외적으로부터 보호하기 위한 방어용 교량탑이 있다.

하이델베르크 성령교회 [Heiliggeistkirche]

하이델베르크에서 가장 크고 중요한 의미를 지닌 교회이다. 구 시가지에 있는 마르크트광장(Marktplatz)의 중앙에 위치하고 있다. 주황색 지붕들 사이로 우뚝 솟아 오른 성령교회의 탑은 하이델베르크의 상징으로 꼽힌다.

붉은 사암으로 지어졌다. 고딕 양식과 바로크 양식이 혼합되어 있다. 1398년에서 1515년에 걸쳐 지어졌다.

첨탑 위의 바로크식 지붕은 1709년에 올려졌다. 1978년에서 1985년까지 전체적으로 재건축되었다. 교회 내부는 후기 고딕 양식으로 꾸며져 있다. 남부 독일에서 가장 인상적인 내부 건축으로 알려져 있다. 본래 가톨릭 교회였으나 종교개혁 이후 개신교회가 되었다. 일시적으로 가톨릭와 개신교가 함께 이 교회를 사용하기도 했다.

이 교회에는 비블리오테카 팔라티나(Bibliotheca Palatina)라고 하는 궁정 도서관으로도 유명하다. 루드비히 3세의 도서 모음을 토대로 시작되었으며, 이후 귀족들의 도서 기증으로 방대한 양의 진귀한 책들을 소장하게 되었다.

30년 전쟁에서 바이에른에 패하여 도서관의 책을 약탈 당했고, 바이에른의 막시밀리안 1세는 1622년에 이 책들을 교황에게 선물했다. 5천여 권의 책과 3천 5백여 권의 필사본 가운데 885권 정도만이 1816년에 반환되어 하이델베르크대학교 도서관에서 소장하고 있다.

인형 완구 박물관 [Puppen und Spielzeug Museum]

마르크트광장 아래쪽 분수대를 따라 나 있는 골목에 위치하며 2층 구조로 되어 있다. 전통적인 독일 공예품인 목각인형을 중심으로 둥글고 귀여운 표정의 인형들이 다양한 상황으로 연출되어 전시되고 있고, 사람의 모습을 실물 크기로 만든 인형도 있다. 인형 외에도 침실, 정원, 거실, 부엌 등을 작고 정교하게 재현하고 있고 기차, 자동차, 동물 등 다양한 모양의 장난감도 전시하고 있다. 소장품 중에는 세계 각지에서 수집된 외국 인형도 많이 있는데, 한복을 입은 한국 인형도 전시되어 있다.

노이슈반슈타인성 [Neuschwanstein]

노이슈반슈타인성(Schloss Neuschwanstein)은 바이에른의 왕 루트비히 2세가 지은 로마네스크 양식의 성이다. '신백조석성(新白鳥石城)'의 의미는 새로운 반석 위에 앉은 백조이며, 슈반가우라는 작은 마을에 있다.
그의 부왕이었던 막시밀리언 2세는 백조의 성이라 불리던 폐성 호엔슈방가우성을 사들여 고딕 양식으로 개조, 재건축하였다.
바그너를 좋아한 루트비히 2세가 오페라 로엔그린 중 백조의 전설에서 모티브를 얻어 지은 성으로 중세의 분위기가 느껴진다.
1869년 착공되어 1896년 완공되었는데, 이 성이 완공되기 전 갑작스럼 루트비히 2세의 죽음으로 인해 공사가 중단되기도 했었다.

노이슈반슈타인성 [Neuschwanstein]

황제의 대관홀(Throne Hall).
루트비히 2세가 자신의 강력한 왕권을 드러내기 위해 만든 방이다. 콘스탄티노풀의 하기야 소피아에서 영감을 얻어 파르치팔의 그랄의 홀로 설계했다는 화려한 비잔틴 양식으로 꾸며진 방이다. 홀의 바닥은 여러 동물과 식물이 모자이크 형태로 하나하나 짜 맞추어 깔았다고 한다. 2백만개 이상의 돌들은 모두 이 세상에 존재하는 동물과 식물들의 생활을 상징한다. 벽에는 죠지와 용의 싸움 등 전쟁화와 돔 천정에는 예수님을 12사도와 절대왕 6명이 둘러싸여 있는 그림으로 장식되어 있다.

베를린 올림피아 스타디움 [Olympic Stadium Berlin]

독일 베를린의 베스트엔드(Westend) 지역에 위치한 올림픽 경기장이다. 1912년에 1916년 하계 올림픽 개최를 목표로 올림픽 경기장 건설이 추진됐다. 오토 마치(Otto March)가 건축을 맡았다. 약 4만 명의 관객을 수용할 수 있는 규모로 당시로써는 세계 최대 규모의 올림픽 경기장이었다. 하지만 제1차 세계대전으로 인해 1916년 하계 올림픽은 무산되었다. 이후 1931년 IOC 위원회는 제11회 하계 올림픽 개최지로 베를린을 선정했다. 독일 정부는 본래 있던 올림픽 경기장을 재건축해 사용하기로 결정하고 건축은 오토 마치의 아들인 베르너 마치(Werner March)에게 맡겼다.

Denmark

정식명칭은 덴마크 왕국[Kingdom of Denmark(영), Kongeriget Danmark(덴)]이며, 덴마크어로는 단마르크(Danmark)라고 한다. 북해(北海)와 발트해를 가르는 곳에 위치하며 남쪽으로는 독일과 국경을 접하고, 북쪽으로는 스카게라크 해협, 동쪽으로는 카테가트 해협을 끼고 스칸디나비아 반도의 노르웨이 · 스웨덴과 마주한다. 해외 영토로 페로 제도와 그린란드가 있다. 1949년 북대서양조약기구(NATO)에, 1973년 유럽경제공동체(EEC, 현재 EU)에 가입했으나 유로(Euro)는 채택하지 않고 있다. 행정구역은 5개 주(region)와 98개 자치체(municipality)로 구성되어 있다.

[출처]_두산백과

프레데릭스보르성 [Frederiksborg Castle]

1878년 프레데릭스보르는 국립 역사박물관이 되었다. 오늘날 이 박물관은 초상화며 역사화를 비롯하여 흉상, 드로잉, 사진 등 덴마크에서 가장 중요한 컬렉션을 소장한 미술관이기도 하다. 1993년 살아 있는 사람의 초상화를 전시하는 일을 금했던 오래된 규칙이 사라지면서, 현대 작품 컬렉션도 들어섰다. 예술과 르네상스 건축, 아름다운 바로크 정원을 모두 감상할 수 있는 프레데릭스보르성은 진정으로 뛰어난 장소이다.

프레데릭스보르성 [Frederiksborg Castle]

프레데릭스보르성(Frederiksborg Castle)은 헬레뢰드 중앙에 있는 3개의 섬 위에 자리 잡고 있는 고성이다. 성 안에는 공연장, 왕궁, 홀 등이 있으며 박물관 내에는 덴마크에서 가장 가치 있는 초상화들과 고대 미술품 등을 소장하고 있어 덴마크 미술 역사도 함께 즐길 수 있다. '덴마크의 베르사이유' 라고도 불린다.
1560년 프레드릭 2세 국왕이 처음 터를 잡은 이후 그의 아들인 크리스티안 4세가 1602-1620년에 걸쳐 완성한 곳으로 스칸디나비아 최대 규모의 르네상스 양식 궁전이다.

바로크식 정원 [baroque style garden]

총 4개의 테라스로 구성된 정원은 베르사이유 궁전의 정원처럼 bosquet(경관적 효과를 주기 위해 조성된 수림)로 이어지는 아래 부분까지 연결되어 있어 프레드릭스보르성까지 직선을 이룬다.

바로크식 정원 [baroque style garden]

프레데릭스보르성의 정원 약식은 1720-1725년 프레드릭 4세 통치기간 동안 왕실 정원사였던 요한 코넬리우스 크리거(johan Cornelius Krieger)에 의해 설계된 바로크 양식의 정원이다.

초호화 국제 유람선 Crown Princess호

배수량 113,000t의 대형 크루즈선이다. 길이 290m, 넓이 36m에 운항속도는 22노트이다. 레스토랑 9개, 수영장 4개, 승객은 3,080명을 태울 수 있으며, 승무원은 1,200명이다. 나이트클럽, 각종 게임시설, 휘트니스센터, 유료 로터스 스파, 미니 골프, 테니스 코트, 농구 코트, 뷰티샵 등의 시설이 있다.

프레드릭스보르성 [Frederiksborg castle]

1602년부터 1630년까지 국왕 크리스티안 4세가 지은 붉은 벽돌로 된 독일 르네상스 형식의 이 성은 '덴마크의 베르사이유' 로 일컬어진다. 200여 년 동안 7명의 국왕이 이 성에서 대관식을 올릴 정도로 덴마크를 대표하는 성이다. 1859년 화재로 성의 대부분이 소실되었을 때 왕실에서 이를 재건할 경제적 여유가 없자 맥주 재벌인 칼스버그 야콥센의 기부로 지금의 모습을 갖추게 되었다.

Frederiksborg성은 약 1600년부터 현재까지 덴마크의 유구한 역사를 알 수 있는 덴마크 왕성의 역사 박물관이기도 하다. 여기에는 각종 초상화와 역사화, 가구를 비롯 각종 예술품 들이 전시되어 있는데 덴마크 문양이 그려진 수많은 방패들과 정말 이상하게 생긴 인형들이 있다.

크론보르성 [Kronborg Castle]

덴마크 헬싱괴르시에 있는 르네상스 양식의 고성으로, 햄릿의 무대였다는 이유로 세계적인 명성을 얻게 된 것이 사실이지만 실제 역사적인 의의도 큰 곳이다. 맑은 날이면 바다 건너 스웨덴이 보이는 전략적으로 중요한 국경지대에 위치하고 있어 16-18세기 북유럽 역사에서 중요한 역할을 했기 때문이다. 특히 덴마크 사람들에게는 상징적인 의미가 크다. 성이 건설되기 시작한 것은 1574년 프레데릭 2세(Frederick II) 때이다. 1585년 웅장한 르네상스 양식으로 완공되었으나, 1629년 화재로 예배당을 제외한 모든 건물이 소실되었다. 크리스티안 4세(Christian IV)의 재건으로 1639년에 옛 모습을 되찾았다. 전략적으로 중요한 곳에 위치한 탓에 여러 차례 전쟁으로 많은 피해를 입었고, 그 때마다 보수 과정을 거쳐 1924년에 현재의 모습을 갖추게 되었다. 특히 1658년 스웨덴의 침공으로 성이 함락된 뒤, 방어시설로서의 기능이 대폭 강화되었다. 견고한 수비벽에 외곽의 망루까지 덧붙여지면서 난공불락의 철옹성 같은 이미지를 굳혔다.

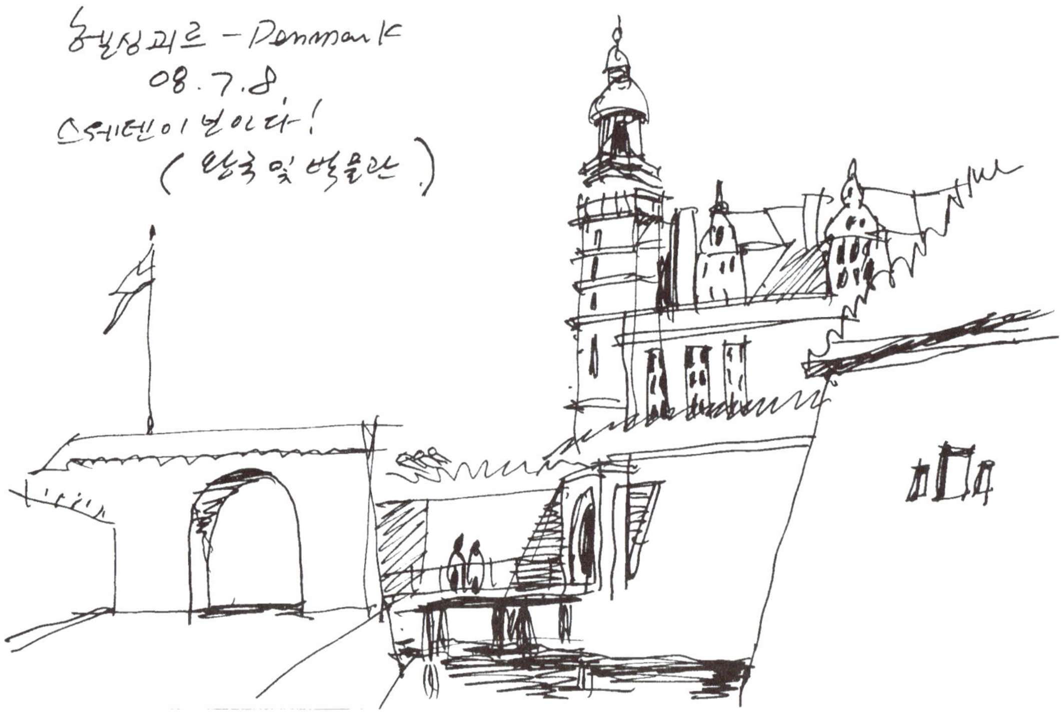

크론보르성 [Kronborg Castle]

거듭되는 전쟁 속에 살아남은 철옹성

성 내부에서는 르네상스와 바로크 양식으로 장식된 방들을 볼 수 있다. 특히 62미터에 이르는 대형 연회장이 인상적이다. 왕과 왕비의 침실을 비롯해서 대부분의 방이 일반인에게 공개된다. 높은 첨탑이 눈길을 끄는 예배당은 과거의 모습이 많이 남아 있는 곳이다. 지하에는 홀러 단스크(Holger Danske)의 동상이 있다. 평소에는 잠을 자고 있다가 덴마크가 중대한 위기에 빠지면 잠에서 깨어 나라를 구한다는 전설 속의 영웅이다. 전설에서처럼 팔짱을 낀 채 앉아 잠자는 모습이다. 성 안에는 또한 덴마크 해양박물관이 들어서 있다.

Sweden

정식명칭은 스웨덴왕국[Kingdom of Sweden(영), Konungariket Sverige(스)]이다.
서쪽으로는 스칸디나비아반도의 등뼈에 해당하는 스칸디나비아 산맥을 국경선으로
하여 노르웨이와, 북동쪽으로는 보트니아만으로 흘러드는 토르네(Torne) 강을 경계로
핀란드와 접한다. 동쪽으로 보트니아만(灣) 및 발트해(海)를 너머 핀란드와 에스토니아,
라트비아, 리투아니아와 마주하며, 남쪽은 카테가트(Kattegat) 해협과 외레순(ø resund)
해협을 사이에 두고 덴마크와 마주한다. 안정적이고 높은 경제력을 바탕으로
생활 · 문화 수준이 매우 높으며, 세계의 모범이 되어 있는 사회보장제도를 갖추고 있다.
행정구역은 21개 주(lan)로 이루어져 있다. [출처]_두산백과

스톡홀름 [Stockholm]

스웨덴의 수도.
발트해로부터 약 30km 거슬러 올라온 멜라렌호(湖) 동쪽에 있으며, 시가는 많은 반도와 작은 섬 위에 자리잡고 있다. 넓은 수면과 운하 때문에 흔히 '북구의 베네치아' 라는 별명으로 불린다. 기온은 1월이 -1.6℃, 7월이 16.6℃, 연간 강수량은 555mm이다. 해항, 공항, 지하철, 버스망이 완비되어 있으며 이 나라의 정치, 문화, 상공업의 중심지이다. 스톡홀름은 1250년에 스타덴섬에서부터 건설되기 시작했으며, 지금도 그 무렵의 교회와 시장의 광장, 불규칙한 도로 등이 남아 있다.

Finland

정식명칭은 핀란드공화국(Republic of Finland)이며, 핀란드어로는 수오멘 타사발타 (Suomen Tasavalta), 또는 수오미(Suomi:호수의 나라)라고 한다. 서쪽으로 스웨덴, 동쪽으로 러시아, 북쪽으로 노르웨이, 남쪽으로 에스토니아와 국경을 접하고 남쪽으로 핀란드만(灣)을 사이에 두고 발트해에 면하며 서쪽으로 보트니아만에 면한다. 위치상 스웨덴과 소련이라는 2대 강국에 끼여 역사적으로 고난의 길을 걸어왔으며, 친서구적 국민감정이 강하다. 행정구역은 20개 주(maakunta)로 되어 있다.

[출처]_두산백과

원로원 광장 [Senate Square] 대성당

핀란드의 수도 헬싱키 중앙에 있는 루터파 교회로 핀란드 루터파의 총본산이다. 1830년에 착공하여 1852년에 완공되었으며, 신 고전주의 양식을 따르고 있다. 핀란드가 러시아로부터 독립하기 전 1917년까지는 성 니콜라스 교회라고 불렸으며, 그리스 정교회 건물로 사용되었다. 1959년 이래 루터파 신교도들의 성당이 되었고, 헬싱키 대성당 또는 루터란 대성당(the Lutheran Cathedral)이라고 불리고 있다.

원로원 광장 [Senate Square] 대성당

성당은 하얀색 외벽에 밝은 녹색의 돔 지붕이 어우러져 세련되고 우아한 분위기를 풍긴다. 유명한 건축가 카를 엥겔(Carl Engel)이 설계했지만 그는 완공을 보지 못하고 죽었다. 엥겔의 제자 에른스트 로만(Ernst Lohrmann)이 이어받아 완공시켰다.

로만은 엥겔의 설계를 그대로 살린 채로 네 모퉁이의 탑과 부속 건물 등을 추가하는 정도의 변형을 가했다. 지붕에는 아연으로 만든 12사도의 상이 있는데, 아연으로 만든 상으로는 세계 최대 크기다.

종교개혁가 마틴 루터(Martin Luther)와 필립 멜란톤(Philipp Melancthon)의 동상, 성당 앞 원로원 광장에 서 있는 러시아 황제 알렉산드르 2세의 동상도 있다.

헬싱키의 상징적인 건물로 자리잡은 이 성당에서는 여러 가지 국가적인 종교행사가 개최된다. 핀란드 인구의 92%가 루터파 교회 신자이고, 대성당이 루터파 교회의 총본산이기 때문이다.

대성당에서는 이외에도 전시회, 파이프오르간 연주회 등 다양한 행사가 열려 시민들의 문화공간의 역할도 톡톡히 하고 있다.

우스펜스키 사원 [Uspenski cathedral]

우스펜스키 사원은 붉은 벽돌로 지은 핀란드 최대의 러시아 정교회로, 돔형태로된 지붕에는 양파모양의 돔과 황금 십자가가 올려져 있는 아름다운 건물이다. 1868년 핀란드가 러시아의 지배를 받고 있던 때 러시아의 건축가가 비잔틴 슬라브 양식으로 지은 건물이다.

요하네스 교회 [Johanneskirken]

1894년 건립된 노르웨이의 대표적인 네오고딕 양식으로 지어진 건물이며 베르겐대학교 건물과 같이 있다. 탑의 높이가 61m로 베르겐 시내에서 가장 높다.

Russia

정식명칭은 러시아 연방(Russian Federation)이다. 북쪽으로는 북극해, 동쪽으로는 태평양에 면한다. 남쪽으로 북 한 · 중국 · 몽골 · 카자흐스탄 · 아제르바이잔 · 그루지아, 서쪽으로는 우크라이나 · 벨라루스 · 라트비아 · 폴란드 · 리투아니아 · 에스토니아 · 핀란드 · 노르웨이 등에 닿아 있다. 다양한 지질구조의 광활한 영토에 거의 모든 종류의 자원을 갖고 있지만 넓은 국토와 다양한 인종은 국가의 통합을 어렵게 하고 있다. 소련의 붕괴 이후 시장 경제체제로 전환하기 위해 노력한 결과 1999년부터 경제가 회복되고 있다. 행정구역은 46개 주(oblast), 21개 공화국(republic), 4개 자치 오크룩(autonomous okrug), 9개 크래이(kray), 2개 연방시(gorod ; 모스크바, 상트페테르부르크), 1개 자치주(autonomous oblast' ; 예브레이)로 이루어져 있다. [출처]_두산백과

카잔 대성당 [Kazan Cathedral]

러시아 상트 페테르부르크에 있는 러시아 정교회 성당.

로마의 산피에트로 대성당을 본뜬 네오클래식 양식의 건물이다. 스트로하노프 백작의 농노 출신 건축가 바로니킨(A. Varonikhin)에 의해 1801년부터 10년에 걸쳐 지어졌다. 네프스키 대로(Nevsky Prospekt) 쪽으로 넓혀진 반원형의 회랑에는 94개의 코린트식 기둥이 늘어서 있다. 건물 내부에는 19세기 초의 거장들이 그린 이콘(icon)이 있고, 특히 《카잔의 마리아 상(Our lady of Kazan)》이 유명하다. 성당이 완성된 후 러시아는 나폴레옹 전쟁에서 승리를 거두었다. 성당 안에는 프랑스군에게서 빼앗은 107개의 군기와 승리의 트로피 등이 걸려 있다.

성 이삭 대성당 [St. Isaac's Cathedral]

러시아 상트 페테르부르크에 있는 도시 안에서 가장 큰 교회이다. 1818년에 공사를 시작하여 1858년에야 완공했다. 공사기간만 40년이 걸렸으며 공사에 동원된 사람은 50만여 명이라고 한다.
황금빛 돔을 만드는 데에는 100kg 이상의 금이 들어갔다고 하며 도시의 랜드마크 역할을 하고 있다.
성당 밑에는 24,000개의 말뚝이 박혀 있다고 하는데, 그 이유는 원래 이곳이 늪지대였기 때문에 기초를 다지기 위하여 말뚝을 박았다고 한다.
사원 안에는 저명한 22명의 화가들이 참여하여 완성한 103점의 벽화와 52점의 캔버스 그림이 있다.
전망대가 설치되어 있어 상트 페테르부르크 시내를 한 눈에 볼 수 있다.

성 피터 & 폴 성당 [Sts Peter & PaulCathedral]

표트르 대제가 스웨덴군으로부터 러시아를 지키기 위하여 건설한 성 피터 & 폴 요새 안에는 121.8m의 높은 첨탑이 힘차게 솟아 있는 베드로와 바울 성당이 있다. 이 성당은 18세기에 건설되었으며, 첨탑은 1850년대에 세워졌다. 이 첨탑은 상트 페테르부르크에서 가장 높은 건축물이며 금으로 도금되어 번쩍번쩍 빛이 나기 때문에 시내 어느 곳에서도 보인다. 이 성당에는 표트르 대제에서 알렉산드르 3세까지 역대 황제들이 매장되어 있다.

로스트랄 등대 [Rostral Column]

뱃머리 등대.

로스트랄 등대는 여러 개의 뱃머리로 장식이 되어 있다. 19세기 초(1805~1810)에 건립된 고전적 건축물로서 강변에 2개가 세워져 있으며, 해전의 승리를 상징한다.

높이 32m이고 기둥 몸체는 배머리 모양으로 장식되어 있다. 네모 받침대 사방에 새겨져 있는 4개의 여신 조각상은 거대한 4개의 러시아강 즉 네바강, 볼가강, 드네프르강, 볼코프강을 상징한다.

등대 꼭대기에는 등을 켜는 장치가 있다.

상트 페테르부르크 [Saint Petersburg]

러시아 북서부, 핀란드만(灣) 안쪽에 있는 도시이며, 러시아 제2의 도시다. 제정(帝政) 러시아 때는 페테르스부르크라는 이름으로 불렀고, 1914년 페트로그라드(Petrograd)로 개칭되었다가, 1924년 레닌이 죽자 그를 기념하여 레닌그라드라 불렀다. 그 후 1980년대의 개방화가 진전되면서 1991년 옛 이름인 상트 페테르부르크를 되찾았으며, 페테르부르크로 약칭하기도 한다.

네바강 하구의 101개의 섬과 함께 강 양안(兩岸)에 계획적으로 건설되었다. 말라야(小) 네바강, 볼샤야(大) 네바강을 비롯한 수십 개의 분류(分流)에 놓인 500여 개의 다리로 연결된 정연한 거리는 '북방의 수도(水都)' 로 불려 왔다. 북위 60°의 고위도 지역이면서 온화한 해양성 기후를 보여, 남쪽의 모스크바보다 기온이 높다.

1월 평균기온 7.6°C, 7월 평균기온 18.4°C이며 6-7월에는 백야(白夜) 현상이 나타난다. 겨울에 네바강과 해안의 바다가 얼지만, 쇄빙선(碎氷船)에 의해 항로는 거의 연중 유지된다.

그리스도 부활 성당 [Cathedral of the Resurrection of Christ]

상트 페테르부르크 카잔 대성당의 맞은편에 위치하고 있다. 1907년 처음 문을 연 뒤 90년 후에야 일반인에게 공개되었다. 알렉산더 2세가 암살 기도를 했던 곳으로 '피의 사원' 이라는 별칭으로도 잘 알려져 있다.

성당 내부는 알렉산더 2세가 상처를 입었던 정확한 위치가 보존되어 있으며, 유명한 화가들이 직접 도안한 모자이크화가 보존되어 있다.

피의 사원이라고도 불린다. 그 까닭은 이 사원이 있는 곳이 알렉산드르 2세가 피를 흘리면서 죽은 곳이기 때문이다.

알렉산드르 2세는 1881년 이곳에서 나로드니키의 한 파(派)인 '인민의 의지(意志)파' 에 속하는 그리네비츠키에 의해 살해당했는데, 훗날 황제가 된 알렉산드르 3세가 알렉산드르 2세를 기리기 위하여 이 성당을 지었다.

상트 페테르부르크 여름궁전 [Summer Palace in St. Petersburg]

상트 페테르부르크에서 약 30km 떨어진 핀란드만 해변가에 위치하고 있다. 표트르 대제가 파티 장소로 쓰기 위해 만든 것으로, 당시 러시아 제국의 위엄과 황제의 권위를 과시하기 위한 목적이었다.
표트르 대제의 명령으로 1714년 착공된 이래 9년이 지난 후 완공되었다고 알려져 있지만, 실제로는 150년이나 지난 후에야 공사가 끝이 났다.
러시아와 유럽 최고 건축가들과 예술가들이 총동원되어, 20여 개의 궁전과 140개의 화려한 분수, 7개의 아름다운 공원이 만들어졌다.
현재 박물관으로 사용중인 여름궁전 1층에는 표트르 대제의 응접실과 서재, 침실 등이 있으며 2층에는 왕실 대대로 내려오는 가구와 도자기들이 전시되어 있다.

피터 & 폴 요새 [Peter & Paul Fortress]

피터 대제가 토끼섬에 세운 요새.
한때 감옥으로도 사용한 6각형으로 되어졌다는 곳. 이곳에 들어가기 위해서는 6m두께의 벽으로 이뤄진 문을 통과해야 한다. 높이는 122.5m. 1712년 7월 8일 석조 대성당 착공.
표트르 대제가 스웨덴군으로부터 러시아를 지키기 위하여 건설했는데 전쟁에 사용한 적은 한번도 없다고 한다. 표트르 대제는 이 요새를 완성한 다음에야 상트 페테르부르크에 수도를 조성했다고 전해진다.
최초로 요새를 지을 때는 나무와 흙으로 만들어졌지만, 18세기 중엽 돌로 재건축되었다. 성채는 르네상스 시대의 이상적인 마을과 비슷한 육각형 모양이다.
에카테리나 2세 시절에 네바강을 굽어보는 요새의 벽에 화강암이 씌워져 웅장한 난공불락의 외관을 갖추게 되었다. 그 후 이 요새는 러시아 제국의 주요 정치범 형무소로 사용되었다.

그리스도 부활 성당 [Cathedral of the Resurrection of Christ]

러시아 상트 페테르부르크에 위치한 그리스도의 부활, 구세주의 부활을 의미하는 피가 있는 교회를 뜻한다. 그리스도의 부활을 의미하는 동방정교회 기념관이며, 1881년 3월 부상당해 죽은 황제인 알렉산더 2세의 피가 묻어 있는 장소이다.
사원의 길이는 81m아며, 최대 수용 인원은 1,600명으로 러시아 건축의 기념비적인 건축물이며 박물관이다.
1883년에서 1907년동안 건축가 알프레드 팔란다와 이그냐타의 공동 프로젝트로 건립되었다. 모스크바에 있는 상크트 바실리 대성당을 모델로 하여 세웠다. 하지만 전체 분위기는 러시아 건축의 특징을 고스란히 지니고 있다.
특히 이 사원은 유명한 화가들이 직접 도안한 모자이크화가 많이 있는 게 특징이다.

Poland

정식명칭은 폴란드공화국(Republic of Poland, Rzeczpospolita Polska(폴))이다. 북동쪽으로 러시아연방, 동쪽으로 리투아니아 · 벨라루스 · 우크라이나, 남쪽으로 슬로바키아 · 체코, 서쪽으로 독일과 국경을 접하며, 북쪽으로는 리투아니아 · 발트해에 면한다. 남북 길이 649km, 동서 길이 689km로 거의 4각형의 국토를 이룬다. 1980년대 들어 바웬사가 이끄는 자유노조 연대를 중심으로 민주화운동이 꾸준히 전개되었고, 1990년 바웬사가 전후 첫 민선 대통령이 되었다. 2004년 유럽연합에 가입하였다. 행정구역은 16개주(wojewodztwo)로 되어 있다. [출처]_두산백과

구 시청사 [Ratusz Glownego Miasta]

구 시청사는 14세기에 지어진 건축물로 탑 위에 지그문트 아우구스트 왕의 동상이 있다. 중세시대 부유했던 그단스크의 고풍스러운 분위기를 연출한다.
그림으로 장식된 천장, 색색의 프레스코 벽화, 정교한 조각상 등이 아름답다. 지금은 역사박물관으로 활용되고 있다.

탈린 시청사 [Tallinn Town Hall]

에스토니아의 수도 탈린의 시청사.

북유럽에 있는 중세 시청 건물 가운데 가장 오래된 건물 중 하나로 구 시가지의 남쪽 광장에 있다. 13세기에 건립된 이 건물은 1402년부터 2년에 걸쳐 재건축되어 지금의 모습을 유지하고 있다. 정면이 광장을 향하고 있는 탈린 시청은 고딕 양식의 2층 건물로 외관은 석회암으로 마감되어 있다. 건물의 지붕은 급경사의 뾰족한 모양을 이룬 박공 구조로 되어 있으며 처마 위에는 용의 머리 형상을 한 물 홈통이 있다.

시청 건물의 창과 입구도 화려하게 장식 되어 있으며 특히 건물 동쪽에는 호리호리한 8각 첨탑이 있는데 이는 후기 르네상스 양식인 왕관 모양으로 되어 있다. 첨 탑 꼭대기에는 '토마스 할아버지' 라는 애칭으로 불리는 파수병 모양의 풍향계가 있다 이 풍향계가 달린 첨탑이 시청 건물 중 가장 유명한 곳이며 에스토니아 수도 탈린의 상징이다. 지난 수세기 동안 탈린시 의회의 회의는 물론 탈린의 중요한 행정 사항을 결정하던 시청 건물은 현재 콘서트홀로 사용되고 있다.

탈린 성당 [Alexander Nevsky Cathedral]

알렉산더네프스키 성당.

에스토니아가 재정 러시아 치하에 있던 1900년에 툼페아(Toompea) 언덕에 건립되었다. 이 성당은 상트 페테르부르크(St. Petersburg) 출신의 미하일 프레오브라즈헨스키(Mikhail Preobrazhenski)에 의해 건축되었으며 노브고라드(Novgorod)의 왕자인 알렉산더 야로슬라비츠 네프스키(Novgorod, Alexander Yaroslavitz Nevsky) 에게 헌정되었다.

네프스키 왕자는 1242년 4월 5일 페입시호수(Peipsi Lake) 둑에서 벌어진 독일과의 얼음전쟁 (Ice Battle)에서 승리함으로써 독일의 동방 진출을 차단시킨 인물이다.

성당의 종탑은 11개의 종으로 이루어져 있으며 탈린에서 가장 큰 종소리를 낸다. 11개의 종 가운데 하나는 무게가 15톤에 달하는 큰 종도 있다.

예배 전에는 항상 종소리를 들을 수 있으며, 성당 내부는 모자이크와 성상 등으로 화려하게 장식되어 있다.

단치히 두우기 광장 [Danzig Dlugi Targ]

우리에게 단치히(Danzig)로 잘 알려진 그단스크는 '발트해의 보석' 이라는 별칭을 가지고 있을 만큼 자연 경관이 매우 아름답다.
자욱한 안개로 유명한 그단스크는 인구 50만명인 비교적 큰 항구 도시로 비수와 강 하구에서 37070km 정도 떨어진 곳에 구시가지가 형성되어 있다.
1,000년 고도 그단스크는 문화, 경제, 철학, 예술 등 다양한 분야에 걸쳐 수준 높은 문화를 간직한 도시다.
중세시대 무역항으로 축적한 많은 부로 인해 거리에는 예술이 넘쳐 흐른다.

Macau

마카오는 난하이[南海] 연안, 주장[珠江] 하구 서쪽에 있으며, 주하이[珠海]와 인접해 있다. 마카오반도와 타이파섬[중국어 표기는 당쯔섬] · 콜로아네섬[중국어 표기는 루환섬을 포함하며, 면적은 27.3 ㎢이다. 과거의 명칭은 '하오징아오' 였으며, 광동성 상산현 : 지금의 중산시(中山市)]에 속하였다가 16세기 중엽 이후 포르투갈에 점령당하였다.
1987년 포르투갈과 합의에 따라 1999년 12월 20일 중국의 주권 회복과 동시에 특별행정지구로 지정되었다. 주민의 60%는 중국 대륙에서 전입해온 사람들이며, 나머지 40%는 현지인들로 이루어져 있다. 총인구 가운데 중국인이 95.2%, 포르투갈인이 2%, 필리핀인이 1.2%를 차지한다. 언어는 광저우어를 주로 사용한다. [출처]_두산백과

마카오 그랜드 리스보아 호텔 [Macau Grand Lisboa Hotel]

수많은 관광객들이 모이는 마카오 중심 비지니스 센터 중 편리한 자리에 위치하고 있으며, 마카오 국제공항에서 15분거리, 마카오 페리항에서 5분거리에 있으며 대리석과 크리스탈 샹들리에로 장식한 로비는 웅대하면서도 우아한 분위기를 자아낸다.
정 5성급 특급 호텔이며 40층의 높은 건물과 연꽃모양의 독특한 디자인의 건축물이다.

랜드마크 호텔 [The Landmark Hotel]

마카오 랜드마크 호텔은 2003년11월에 오픈되었고, 총 22층으로 되어 있다. 홍콩-마카오 페리 터미널까지 도보로 10분 거리, 국제공항까지 차타고 15분 거리에 위치하고 있다.
총 450개의 객실과 스위트룸으로 되어 있으며 유럽식 인테리어로 편안한 공간을 만들었다.

뱅크 오브 차이나 타워 [Bank of China Tower]

I. M. 페이(1917년생)의 설계로 지어진 건물이다. 이 빌딩은 종이접기같이 반복되는 교차 버팀대로 구성된 외장의 구조적 표현 때문에 더욱 인상적이다. 네 개의 비대칭 수직 구조물로 이뤄졌으며, 각 빌딩 꼭대기의 프리즘이 삼각형을 이루면서 기울어져 있는데, 이러한 형태는 일반적으로 삶과 번영을 상징하는 대나무의 모습을 따랐다고 한다. 369미터 높이에 72층으로 이뤄진 길게 뻗은 이 구조물은 측면에 낮은 건축물들이 배치되면서 옆으로 갈수록 높이는 점점 낮아지고 폭은 넓어지는 안정적인 모습으로 이뤄졌다. 이는 태풍으로 인한 거센 바람에도 잘 견딜 수 있도록 세심하게 다뤄진 결과물이다.

각 코너에는 다섯 개의 강철 기둥이 둘러싸고 있어, 무게를 분산시키는 역할을 한다. 페이는 특히 삼각형 구조물을 선호하는 것으로 알려졌는데, 워싱턴 D.C의 내셔널 갤러리 확장 작업과 프랑스 파리에 있는 루브르 박물관의 피라미드를 보면 그가 선호하는 건축 형태를 짐작할 수 있다.

베네시안 호텔 [The Venetian Hotel]

이탈리아 베네치아를 그대로 옮겨 온 것처럼 건물의 천장 벽화, 실내 운하와 곤돌라까지 재현해 마치 테마파크에 놀러온 듯하다. 미국 라스베이거스의 베네시안 호텔을 경영하는 샌즈 그룹이 2007년에 오픈했다. 아시아에서 가장 큰 실내공간을 가진 건물로 내부에 볼거리가 많고 세계 최대 규모의 카지노를 운영한다.

관광객에게 가장 흥미를 끄는 곳은 그랜드 캐널로 세레나데를 부르는 뱃사공이 곤돌라를 타고 운하를 가른다. 운하 양 옆으로 쇼핑가가 형성되어 있고, 30여 개의 레스토랑과 카페도 자리한다.

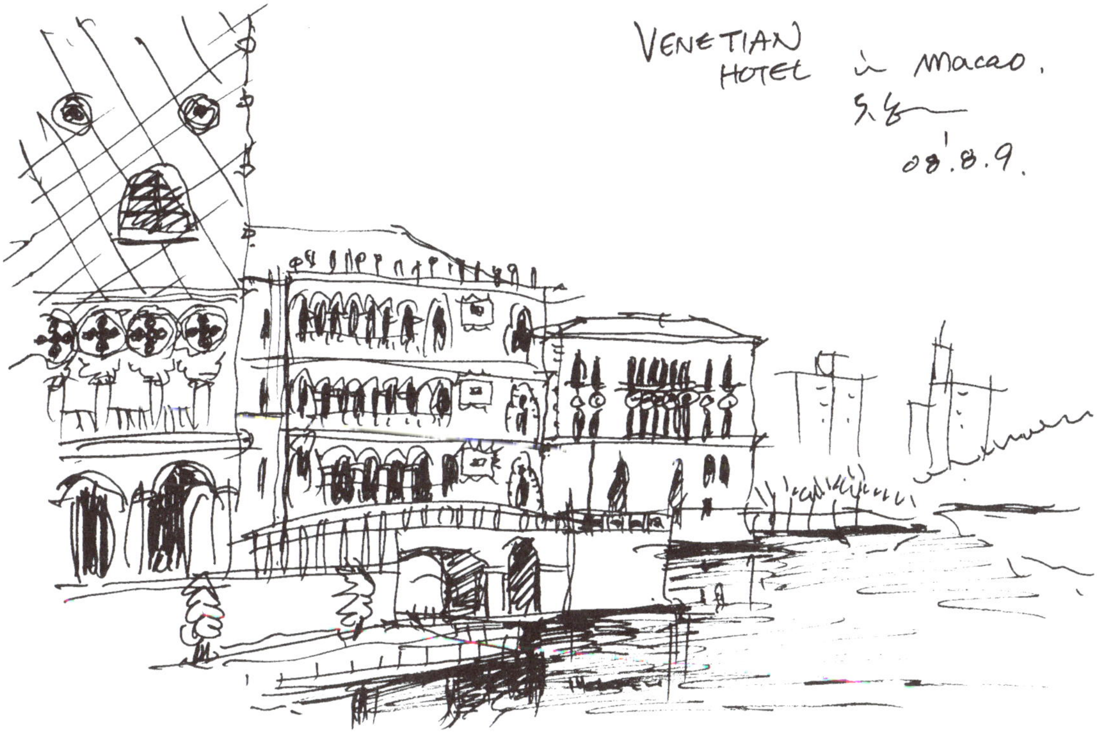

마카오 [Macau]

마카오는 별천지다. '동양의 라스베이거스', '아시아의 작은 유럽' .... 모두 고개가 끄덕여지는 수식어들이다. 카지노는 24시간 불야성을 이루고, 네온사인 뒤에 숨겨진 세계문화유산은 30곳에 이른다. 기상천외한 쇼와 동, 서양의 이색 축제들도 한 곳에서 어우러진다. 코린트양식의 수백 년 된 유산 옆에 고색창연한 도교 사원이 들어서 있으며, 성 바울 성당은 아시아 최초의 유럽 스타일의 대학인 성 바울 대학의 일부로 1580년에 건립됐다. 성당 옆에는 전염병을 막기 위해 섬겼던 '나차' 를 모시는 나차 사원이 나란히 들어서 있다.

China

정식 명칭은 중화인민공화국(People's Republic of China)이다. 세계 최대의 인구와 광대한 국토를 가진 나라로, 국토는 남북 5500㎞, 동서로 우수리강(江)과 헤이룽강의 합류점에서부터 파미르 고원까지 5200㎞에 달한다. 북동쪽으로 한국 · 러시아연방, 서쪽으로는 카자흐스탄 · 키르기스스탄 · 타지키스탄 · 아프가니스탄, 남서쪽으로는 인도 · 파키스탄 · 네팔 · 부탄, 남쪽으로는 미얀마 · 베트남 · 라오스, 북쪽으로는 몽골 · 러시아연방과 각각 국경을 이룬다. 행정구역은 간쑤 · 광둥 · 구이저우 · 랴오닝 · 산둥 · 산시[山西] · 산시[陝西] · 쓰촨 · 안후이 · 윈난 · 장시 · 장쑤 · 저장 · 지린 · 칭하이 · 푸젠 · 하이난 · 허난 · 허베이 · 헤이룽장 · 후난 · 후베이 · 타이완 등 23개 성(省)과 광시장족 · 네이멍구 · 닝샤후이족 · 시짱(티베트) · 신장웨이우얼 등 5개 자치구(自治區), 베이징 · 상하이 · 충칭 · 톈진 등 4개 직할시(直轄市), 마카오 · 홍콩 등 2개 특별행정구(特別行政區)로 이루어져 있다. [출처]_두산백과

계림 [桂林, Guilin]

중국 광시장족[廣西壯族] 자치구 북동부에 있는 도시.

주강[珠江] 수계의 구이강[桂江]에 임한 하항(河港)으로, 일찍이 진(秦)나라 때부터 발달한 화난[華南] 최고(最古)의 도시이며, 한때 광시성[廣西省]의 성도(省都)가 된 적도 있다. 빼어난 풍치로 예로부터 시인과 화가들의 글과 그림의 소재가 되어 왔다. '계림의 산수는 천하 제일이다(桂林山水甲天下)' 라는 명성을 들을 정도로 세계적으로 유명한 관광지 중의 하나이다.

특히 독특한 모양의 기암괴석으로 유명한데, 이 기암괴석은 카르스트 지형인 이곳에서 지각변동으로 인해 해저가 지형적으로 돌출하여 만들어진 것이다. 이런 기묘한 형태의 지형은 각종 영화의 배경장소로도 이용되었으며, 중국 영화《소림사(少林寺)》도 이곳을 무대로 한 것이다. 구시가는 당(唐)나라 때 구축한 석회암의 성벽으로 둘러싸여 있고, 대안(對岸)에는 시가지가 자리잡고 있다.

진산링창청 [金山嶺長城, Jin shan ling chang cheng]

중국 허베이성[河北省] 청더[乘德]에 위치한 성(城). 길이는 약 20km로, 우링산과 구베이커우 사이의 다샤오진산[大小金山] 고개에 위치한다.
성 위에는 요새 5곳과 2개의 봉화대, 형태가 다양한 67개의 망루, 왕징러우, 서우루지, 덩텐티, 원쯔창, 온천, 퉁텐동굴, 다샤오진산 등이 있다. 마타이장성과 서로 연결되어 있다.

청더피서산장 [Mountain Resort and its Outlying Temples, Chengde, 承德避暑山莊]

롼허강 유역 청더[承德]에 있는 청나라 때의 이궁인 러허싱궁[熱河行宮] 유적으로서 면적 564m²에 이른다. 강희제(康熙帝)가 1702년 착공하였고 건륭제(乾隆帝)가 1790년 완공하였다. 현재 중국에 남아 있는 가장 큰 규모의 궁궐 동산으로서, 강남지방 명승지를 본떠 수려한 자연경치를 인공적으로 만들어 놓았다.
유적의 대부분이 산지이고 나머지가 평야와 호수인데, 총길이 약 10km에 이르는 궁궐 담장이 주위를 둘러싸고 있다. 궁전구(宮殿區)에는 단보징청뎬[澹泊敬誠殿]을 정전(政殿)으로 하는 정궁과 쑹허자이[松鶴齋]·완뤠쑹펑[萬壑松風]·동궁(東宮) 등의 건물이 있고 호수구에는 6개의 호수(창건 당시는 8개)가 있다.

티베트 소부다라궁 [Potala Palace]

포탈라궁은 해발 3,700미터로 티베트 자치구의 라싸에 위치하고 있다. 1642년 제5대 달라이라마에 의해 티베트 왕조 간덴 왕국의 성립 후, 그 본거지로서 티베트의 중심지 라싸의 언덕 위에 10여 년에 걸쳐서 건설된 궁전이다.

1961년에 전국중점문물보호단위로 지정되고, 1994년에 세계문화유산으로 등록되었다.

보타종승지묘 [소포탈라궁]

피서산장(避暑山庄)의 북쪽에 위치하며, 청나라 건륭제 때인 1767년에 어머니인 황태후의 80세 생일을 축하하기 위해 착공하여 1771년에 완공되었다. 전체적으로 티베트의 포탈라궁의 형식을 따르고 있어, 샤오포탈라궁이라고도 하며 외팔묘 가운데 가장 규모가 크고 화려하다.
건축물은 산을 따라 남에서 북으로 점차 높아지는 형태이며, 주요 건축물로는 산먼, 베이팅, 우타먼, 유리패방, 다홍타이, 완파구이이전 등이 있다. 이 사당은 와이바먀오 중 가장 큰 규모로, 전부 60개의 건축물이 있으며 대부분 평평한 지붕에 흰색 담장으로 되어 있다.

보타종승지묘 [소포탈라궁]

주요 건축물인 다홍타이는 사각형으로 된 검붉은 색의 건물이다. 다홍타이 중심부의 완파구이이전은 전체가 금된 기와로 덮여 있다. 이곳은 중대한 종교의식을 거행하거나, 청 황제가 소수민족의 지도자와 귀족, 대신들을 접견하는 장소로 사용되었다. 보타종승지묘는 티베트 전승불교 건축양식의 대표적 건축물이다. 한족의 전통적 건축양식을 기초로 티베트의 양식을 융합한 것이 특징이며, 청조(淸朝) 전기에 비교적 개방적 민족정책을 폈쳤음을 반영한다.

청더피서산장 [Mountain Resort and its Outlying Temples, Chengde, 承德避暑山莊]

호수 가운데에는 동해의 신선봉을 본뜬 3개의 섬을 쌓았으며 섬과 호숫가를 둑으로 연결해 놓았다. 섬 위에는 궁전이 있고 호반에는 정자가 세워져 있다. 동궁 북쪽 수문 위, 사후[下湖]와 인후[銀湖]를 잇는 수로의 돌다리 위에는 3개의 정자가 있다. 1994년 유네스코(UNESCO: 국제연합교육과학문화기구)에서 세계문화유산으로 지정하였다.

푸닝사 [普寧寺, Pu ning si]

중국 허베이성[河北省] 청더[承德]에 있는 사찰. 대불사(大佛寺)라고도 하며, 청나라 건륭제 때인 1755년에 창건되었다. 중간에 위치한 주전(主殿)인 대웅보전(大雄寶殿)을 경계로 하여 전면부는 한족불교사묘(漢族佛敎寺?) 양식이며, 후면부는 티베트 사원의 기본특징을 갖고 있다. 천수천안관세음보살(千手千眼觀世音菩薩)은 대승지각(大乘之?)에 있다. 이 목조관음상은 소나무, 측백나무, 느릅나무, 자작나무, 삼나무 등 5가지 목재를 사용하여 만들었으며, 연화좌(蓮華坐)위에 두 손을 합장하고 서 있는 모습을 하고 있다. 등 뒤로 40개의 손이 뻗어 나와 있고, 각각 하나의 법기(法器)를 들고 있다. 현재 세계에서 가장 크고 무거운 목조불상이다.

베이징국가체육장 [北京國家體育場, Beijing National Stadium]

속칭 조소(Bird's Nest)라고 불리는 2008년 베이징올림픽의 주 경기장으로 올림픽 기간 중 10만의 관중 수용능력으로 개폐회식과, 육상 및 축구경기 등이 개최되었고, 올림픽 종료 후에는 베이징국안족구구락부(北京國安足球俱樂部)의 슈퍼리그 경기장 등으로 활용되고 있다. 수용능력은 8만여 명이며 체육장은 길이가 330m, 폭이 220m, 높이가 69.2m, 면적 25만m^2에 달하며 올림픽 직전 준공되었다.

중국 속의 유럽 고랑서(구랑위, 鼓浪嶼) - 하문(廈門)

중국 남방의 복건(福建)성 하문(廈門)에서 배를 타고 5분 거리에 있는 샤먼과 마주 보고 있는 작은 섬 고랑서(鼓浪嶼, Gulangyu)는 유럽풍의 별장 거리를 기본으로 아름답고 따뜻한 자연풍광이 어우러진 해변 휴양지이다. 이 섬은 피아노의 섬으로 알려져 있다. 1976년에 건설된 고랑서 부두가 피아노 건반과 비스하기 때문이다. 고랑서가 피아노와 인연을 맺게 된 것은 19세기 중엽, 서양의 기독교 전도사가 고랑서에 왔고 그들은 교회에서 늘 종교행사를 가졌다.

교회행사에서는 언제나 찬송사를 부르고 찬송가는 늘 피아노의 연주가 동반되면서 찬송가와 함께 피아노가 고랑서에 자리잡게 되었다. 그래서 요즘도 고랑서에는 피아노에 능한 집들이 많다. 주말이 되면 늘 한데 모여 작은 가족 음악회를 열곤 한다. "중국 속의 유럽"이라고 불리는 이곳은 1860년 이래 영국, 프랑스, 독일인 등이 거주하면서 외국인만의 거리가 되었다.

숙장화원 [菽莊花園]

중국 푸젠성[福建省] 샤먼시[廈門市] 구랑섬[鼓浪嶼]의 동남쪽에 있는 정원.

수좡화원[菽莊花園]이라고도 하며, 타이완[臺灣]의 부호 린얼자[林爾嘉]가 건립하였다. 린얼자는 어릴 때부터 선조가 이룩한 타이베이[臺北] 반차오[板橋]의 임가화원(林家花園)에서 살다가 일본이 타이완을 침략하자 푸젠성 구랑섬으로 돌아왔다. 린얼자는 임가화원을 그리워하며 구랑섬에 정원을 축조하여 1913년에 완공한 뒤 자신의 자(字)인 '숙장(叔臧)' 과 비슷한 음으로 숙장원이라 명명하였다. 건립 역사와 정원의 구도, 조경예술 수법 등이 중국 조경사에서 특별한 가치를 지니는 정원이라고 할 수 있다.

토루 [土樓]

중국 남부 지역의 대표적인 건축양식 중 하나로 복건성에 밀집되어 있는 '토루' 가 있다. 객가인에 의해 건축된 집합주택으로, 원형 또는 방형을 취하는 토루는 건축양식과 공간구성에 있어서 세계에서 그 유례를 찾아볼 수 없는 주택이라고 할 수 있다. 견고한 성채 내부의 중앙에는 중정이 자리하고 있으며, 방어의 목적으로 창과 문이 극히 제한되어 있고, 벽을 따라 서는 생활을 위한 단위공간들이 질서정연하게 형성된다. 그리고 건물에 사용된 모든 재료는 현지의 흙과 목재들이 사용된다.

토루 [土樓]

토루는 몽고족의 원나라가 중국을 통치하던 시대 중원에서 피난 온 한족 객가인(客家人)에 의해 건설되기 시작했다. 토루 하나가 폐쇄적인 씨족 마을로 전 세계 어디에서도 찾을 수 없는 독특한 주거 형태로 냉전시대 미국의 인공위성 촬영 시 미사일 기지로 오해를 받았을 정도다.

토루 [土樓]

중국 복건 토루는 세계에서 유일무이한 대형 민거건축이며, 조형이 독특, 규모가 웅대, 구조가 정교한 독특한 취거형식이다. 2000년 4월 복건성 인민정부 영정, 남정, 화안, 세 개현의 총 46채의 토루를 복건토루라 명명하여 세계문화유산 항목에 정식으로 참가신청 하였고 2008년 8월 세계문화유산으로 등재되었다.

토루 [土樓]

현존하는 가장 오래된 토루는 1354년에 건설되었다. 토루는 중앙의 중정을 중심으로 하여 유심, 방어, 배타의 성격을 모두 갖는 중국 고유의 공간구성을 취한다. 한족의 하나인 객가인에 의해 건축된 토루는 원형과 방형, 타원형 등 여러 형태가 있다. 이 토루는 독특한 사회구조와 생활습관을 유지하는 객가인의 생활과 역사를 반영하는 주거형식으로서 오래 전부터 이어져 내려온 중국 전통주택의 한 형식이다.

토루 [土樓]

중국 복건성의 면적은 우리나라 면적과 비슷하고 현재 중국에 거주하는 토루를 만든 객가족의 인구는 전 세계에 수천만명 이상으로 추정되고 있다. 대표적인 토루로 이의루, 승계루, 진성루 등이 있다.
호갱토루군, 고북토루군, 하갱토루군, 초계토루군, 남계토루군, 전라갱토루군 등이 영정현과 남정현의 경계에 흩어져 있으며 이들을 포함한 46개의 토루지역들이 세계문화유산지에 지정되었다.
토루 중 가장 큰 것들로는 1709년에 세워진 승계루와 심원루 등이 있으며 가장 작은 토루로는 여승루가 있다.
이 밖에 오봉루, 교복루, 진복루, 연향루, 동승루, 서성루, 조양루, 경양루, 경운루, 세택루, 오운루 등이 있다.

토루 [土樓]

토루 [土樓]

진성루.

림씨 일가에 의해 1912년에 세워진 토루.
림씨 일가의 선조인 복성공을 기념하여 진성루란 이름이 붙게 되었다.
토루 중 최근에 세워진 것 중 하나이며 상태가 좋은 관계로 잘 정비되어 현재는 관광지화 되어 일반에 공개되고 있다.
진성루는 500평방미터의 부지에 세워진 이중환상구조의 원형 토루로써 외부 환은 4층, 16m의 높이에 8괘사상을 기초로 하여 8등분되어 한 블럭은 6개의 방으로 이루어져 합계 220개 실에 달한다.
내부 환은 중앙부에 의사대청이 배치된 2층 구조이다.

토루 [土樓]

사각형 형태의 토루들... 림씨 일가에 의해 1880년에 세워진 복유루가 있고 이 밖에도 규취루와 유경루, 광유루, 복형루 등이 있다.

토루 [土樓]

여러 형태의 토루들이 냇가를 따라 줄지어 서 있다.

토루 [土樓]

일족인 대가족을 수용하는 거대한 집합주택이다. 한 변 또는 직경이 40-60m에 달하는 방형 또는 원형의 평면을 갖는다. 3층-5층 높이 건물의 외벽은 전부 토벽으로 구축되어 있다. 외벽이 흙으로 구축된 반면 벽의 안쪽 즉 내부는 모두 나무로 구축되어 있다.

내부에는 벽을 따라 일정한 형식의 생활공간이 정연하게 배열되어 있다. 생활공간 내부에서 일층에는 부엌, 식당, 거실 등 공적 공간, 2층에는 창고, 그리고 3층 이상에는 사적 공간인 침실이 위치한다. 학당이나 부속실 등이 외부에 연이어 설치되어 있다.

토루 [土樓]

토루는 중국의 5대 민가 건축양식 중 하나로, 송 · 원(宋 · 元)나라 때 생겨나기 시작해 명(明) 왕조 초 · 중기에 가장 널리 지어졌다. 특히 산이 높고 고개가 험한 푸젠성 서부와 남부에서 지형적 특성을 살려 오랜 세월 동안 이어져 왔으며, 외부 벽 형태에 따라 원형, 방형, 반원형, 5각형, 의자형, 삼태기형 등 여러 가지 종류가 있다. 2008년 7월 7일 유네스코(UNESCO: 국제연합교육과학문화기구)에서 세계문화유산으로 지정하였다.

토루 [土樓]

12~20세기 동안 복건성 지방 남서쪽 융딩[永定] 난징[南靖] 지역에 지어진 46채의 집이다. 다층 구조의 원형 토루(土樓: 흙으로 만든 집단주택)이며, 한 토루당 800명까지 수용할 수 있다.

외부에서는 흙으로만 만들어진 건물처럼 보이지만 내부는 나무를 사용했으며 토루 내에는 우물, 욕실, 학당 등이 있다. 방위를 목적으로 외벽이 견고하게 구축되어 성채와 같은 모습이다.

중심을 이루는 안뜰은 위로 개방되어 있으며, 벽에는 바깥쪽으로 몇 개의 창이 나 있고 외부로 통하는 출입문은 하나 뿐이다. 외관은 단순해 보이지만 내부는 편안한 생활을 할 수 있도록 고안되었으며 매우 공을 들여 지었다.

상하이교통대학교 도서관 [上海交通大學校 圖書館, Shanghai Jiao Tong University Livrary]

중국말로 오래된 도서관이라는 뜻의 라오투슈관이라고 불린다. 백여 년 전에 지어진 건물이다. 지금은 도서관으로 활용되지 않고 전시관으로 활용되고 있다.

상하이 서가회 천주교당[徐家匯 天主教堂, Xujiahui Catholic church of st. Teresa of the child jesus]

쉬자후이는 명나라 시대의 정치가이자 과학자이며 학자인 서광계의 후손이 모여 살았다고 해서 혹은 서광계의 묘가 있다고 해서 서가회라 불린다. 그 서가회에 1607년 예배당을 세우게 되고 지금까지 서가회에 서광계의 천주교가 아직까지 내려오고 있다. 19세기에 지어진 로마식 성당을 허물고 그자리에 1906년 건설을 시작해서 1910년 완공된 지금의 성당 모습으로 전해져 오고 있다. 서가회 성당은 1849년 최양업 신부님이 사제서품을 받은 성당이다. 현재 상해교구 주교좌 성당으로 프랑스가 1847년에 지은 아시아 최고의 고딕 성당이다.

신천지 [新天地, Xintianti]

중국 상하이[上海]에 있는 쇼핑가(街).
북부광장은 면적 3만m^2로, 신천지의 제1기 재건축 건물들이 집중된 곳이다. 현재 상하이에서 가장 세련된 쇼핑장소로 자리 잡았으며, 많은 레스토랑과 술집, 바(bar), 커피숍, 테라스 카페, 상점, 갤러리 등이 들어서 있고, 예술가들의 아트숍도 자리하고 있다. 석고문은 아직 상하이의 옛 모습을 유지하고는 있지만, 각각의 내부는 현대적이고 모던한 인테리어로 고전과 현대의 조화를 이루고 있다.
남부광장에는 고층의 현대적인 건물이 많아 옛 건물과 좁은 길의 북부광장과 대조를 이룬다.

루이진 호텔 [Ruijin Hotel]

중국 상하이 루완취에 있는 호텔이다.
모두 유럽풍으로 건설된 5개의 독립된 별장으로 구성되어 있는 호텔이다. 원래 이곳은 영국인인 마리스(Maris)가 자신이 살기 위해 지은 개인 저택이다. 1호동, 2호동을 마리스 자신이 전용으로 사용하려고 지었는데, 막상 완공 된 후에는 그곳에서 오래 살지 않았다고 한다. 방의 색채가 마음에 들지않아 그 근처에 별장을 다시 지었다고 한다. 이것이 바로 지금의 3호동이다.

항주 [杭州, Hangzhou]

서호를 중심으로 한 오랜 역사와 전통을 자랑하고 있는 항주.
자연적인 환경으로 인한 관광 도시에서 절강대를 중심으로 해서 점차 기술적 산업도시로 탈바꿈하고 있다.
항저우는 역사 유물과 자연의 아름다움으로 명성이 높은 도시이다. 중국에서 가장 아름다운 도시 10개 중 하나로 손꼽히기도 하였다. 비록 최근에는 도시화가 급격히 진행되었지만, 여전히 사적과 문화는 잘 보존되어 있다.
오늘날 관광은 항저우의 중요한 자원의 하나이며, 항저우의 가장 인기 있는 관광지는 서호이다.
이 호수는 6평방 킬로미터에 이르며, 항저우의 가장 유명한 유적과 아름다운 관광지를 포함하고 있다. 오래된 고풍스런 탑과 문화 유적지들뿐만 아니라 잘 보존되어 있는 아름다운 자연까지도 서호를 빛나게 하는 것들 중 하나이다.

무언탕(沐恩堂, Moore Memorial Church)

신세계성 대각선 맞은편 로얄 메르디앙 호텔 옆으로 무언탕(沐恩堂)이라는 공산주의인 상하이에서는 몇 안되는 오래된 교회가 하나 있다. 주님의 은혜에 빠지다, 주님의 은혜를 입다라는 뜻의 이 교회는 원래 1887년에는 무어라는 미국인의 헌금으로 세워진 Moore Memorial Church라는 기독교 감리회 예배당이었다. 하지만 1929년 지금의 자리로 옮겨온 후 새 건물이 지어져 1958년부터는 지금의 무언탕이라는 이름으로 불리게 되었다.

1931년에 벽돌과 나무를 이용해 신고딕양식으로 지어진 교회당은 전체 수용인원이 1000명에 달하며, 본당 남서쪽의 종루에는 1936년 이래로 높이 5m에 달하는 네온싸인 십자가가 설치되어 있어 밤이 되면 사람들의 눈길을 끈다. 그 외에도 야학이나 공부방 등의 사회문화활동에도 참여하고 있으며 교회 내부에 화동 신학원이 설치되어 있다.

상하이 오페라 하우스 [sanghai opera house]

상하이 오페라 하우스는 1946년에 설립되었으나, 1998년 음향은 미국 JBL사, 조명은 벨기에 ADB사, 무대 설비는 100% 컴퓨터 조정, 설계는 프랑스의 유명 건축가 장 마리 샤르팡티에에 의해 최고의 작품으로 재개관 되었다. 옥상에 노천극장을 가진 독특한 설계로 대극장 1800석, 소극장 750석과 300석으로 지하 2층부터 지상 6층과 옥상 2층으로 구성되어있다.

번드 가든 호텔 [Bund Garden Hotel]

상해 최초의 작은 부티크 호텔이다. 1928년도에 지어진 구식인 두 건축물을 당시 상해에서 유명한 건축설계 디자이너 앨라배마 댄이 고딕 리바이벌 스타일로 새롭게 개조한 건물이다.
고딕 스타일의 창문과 현관이 아직도 있으며, 내부 인테리어도 전성기를 누리던 1930년대의 상하이 분위기를 그대로 유지하고 있다.
번드 호텔은 분주한 상하이의 황푸 지역의 심장부에 위치하여 유명한 와이탄과 난징 로드 상업거리, 푸동지역과 5분거리이다.
또한 홍차오 공항과 16km거리이고, 푸동공항과는 30km, 기차역과는 3.5km거리에 위치하고 있다.

Garden style Residence
— in Xinhua Road —
2011. 10.

몰러저택 [Moller Villa Hotel]

South Shanxi Road에 자리한 독특한 노르웨이 스타일의 건물과 70년 이상의 역사를 가진 이 저택은 상해엑스포장 Puxi Section 입구에서 차로 30분 거리에 있고 상해의 유명 갤러리인 Eastlink Gallery와 Hwa's Gallery가 호텔에서 3 km 이내에 자리해 있다.

1936년에 세워져 2002년에 리모델링한 호텔로서 규모는 작지만 양질의 서비스와 시설을 갖추고 있다. 시내 중심에 위치하며 교통이 편리하다.1927년 영국국적의 유태인 몰러가 당시 유명한 화개건축사무서에 부탁해 디자인하고 세운 개인 화원 별장으로 1936년 준공되었다. 1949년 공산당청년단상해시 위원회 사무실이 되었고, 1989년 몰러저택은 상해시 1급 우수한 근대 건축문화재 보호단위로 지정되었다.

티 부티크 호텔 [Tea Boutique Hotel]

항주에 위치한 티 부티크 호텔은 황룡 스포츠센터, 보척탑, 부서진 다리 등에서 가깝다. 또한 근처에는 절강 박물관 및 저장대학교도 있다.

항주의 거리

항주의 거리는 생각보다 깨끗하고 잘 정비되어 있다. 중국에서 제일 깨끗한 도시...

상하이 국제금융센터 [Shanghai World Financial center]

지상 101층 지하 3층의 상하이 국제금융센터는 높이가 492m로 동방명주탑보다 100m가 더 높으며 급속도로 발전하는 상하이의 현 위치를 말해주는 듯 한다. 2007년 10월 14일 492m를 쌓아 올림으로써 중국에서 가장 높은 빌딩이 되었고 2009년 완공된 810m의 두바이의 부르즈 할리파, 타이완의 509m인 타이베이 국제금융센터, 그리고 2013년 12월 목표로 541.3m의 뉴욕의 프리덤 타워가 완공되면 세계에서 네 번째로 높은 건축물이 된다. 특이한 외관때문에 병따개라는 애칭으로 불리기도 한다.

동방명주탑 [Oriental Pearl TV Tower]

푸둥의 루자쭈이 금융구에 있는 방송 수신탑이다. 1994년 준공 이래 상하이의 랜드마크로서 인기를 더해가고 있다.
총 높이 468m로 건설 당시 캐나다, 러시아, 중국 광저우에 이어 세계에서 네 번째로 높은 빌딩, 아시아에서 두 번째로 높은 빌딩이란 기록을 세웠다.
높이보다 더 놀라운 것은 어마어마한 속도의 엘리베이터. 동방명주탑 내부의 고속 엘리베이터는 탑승 후 40초 만에 전망대에 도착하여, 세상에서 가장 빠른 엘리베이터로 기네스북에 올라 있다.
93m, 263m, 350m 지점에 각각 전망대가 꾸며져 있고 중간 전망대와 최고(最高) 전망대 사이에는 한 시간에 한 바퀴씩 돌아가는 회전 레스토랑이 있어 눈길을 끈다.

소주 [蘇州, Suzhou]

명나라 시대의 아름다운 정원이 있는 도시.

춘추 전국시대부터 내려 온 고도이다. 중국 개방 초기에는 수향 마을로 유명하였으나, 최근에는 도시의 오염이 심하여 수향 마을의 풍경을 보기에는 적합하지 않다. 그러나 명나라 시대 건축된 예술 정원은 아직도 전 세계인을 소주로 불러모으고 있다. 세계문화유산으로 등록된 줘정원[拙政園] · 류위안원[留園], 시내 최대의 번화가 관첸제(觀前街) 등이 있다.

서호 [西湖, Xi Hu]

서호는 중국 저장성 항저우시 시가구역 서쪽에 면한 호수로 중국국가단위풍경구명승구와 세계적인 명성을 가진 담수호이다. 서호는 3개의 제방으로 분리되어 있는데, 각각 소제(蘇堤), 백제(白堤), 양공제(楊公堤)로 나뉘어 있다. 중국에 서호(西湖)라는 이름을 가진 호수가 800개가 될 정도로 아주 많다. 이 중 가장 유명한 것이 바로 항저우의 서호이다.

항주 [杭州, Hangzhou]

중국 저장성[浙江省]의 성도(省都).
첸탕강[錢塘江]의 하구에 위치하며, 서쪽 교외에 서호[西湖]를 끼고 있어 소주[蘇州]와 함께 아름다운 고장으로 알려졌다. 7세기 수(隋)나라가 건설한 강남하(江南河: 大運河의 일부)의 종점으로 도시가 열려 남송(南宋)시대에는 수도가 되었으나, 임시 수도라는 뜻에서 행재(行在)라고 하다가 임안(臨安)이라고 개칭하였다.
10세기 이후에는 외국 선박의 출입도 많았고, 원대(元代)에는 M. 폴로, 이븐 바투타 등이 이곳을 방문하여 행재의 와전인 '킨자이(Khinzai)', '칸자이(Khanzai)' 등의 명칭으로 유럽에 소개되었다. 19세기에 태평천국군(太平天國軍)과의 싸움으로 파괴되었고, 난징조약[南京條約]에 의해 상해[上海]가 개항되자 항구로서의 번영은 상하이에 빼앗겼다.

소주 [蘇州, Suzhou]

역사적인 도시로, 일찍이 춘추전국시대(春秋戰國時代)에 오(吳)나라의 국도(國都)로 발전하였고, 그 뒤 역대에 걸쳐 주변 지역의 행정 중심지로 중시되어 왔다. 수(隋)나라 때 대운하가 개통되자 강남쌀(江南米)의 수송지로 활기를 띠면서 항주[杭州]와 더불어 '천상천당 지하소항(天上天堂 地下蘇杭)' 이라고 불릴 정도로 번영하였다. 상하이[上海]가 개항하기 전까지는 우쑹강[吳淞江]의 수운을 이용한 외국 무역도 활발하였다.

Korea

한국(韓國) 또는 남한(South Korea)이라고도 부르고, 북한에서는 남조선(南朝鮮)이라고 부른다. 남북으로 길게 뻗은 반도와 3,200여 개의 섬으로 이루어져 있다. 북쪽은 압록강과 두만강을 건너 중국의 만주와 러시아의 연해주에 접하고, 동쪽과 남쪽은 동해와 남해를 건너 일본에 면하며, 서쪽은 서해를 사이에 두고중국 본토에 면한다. 중국, 일본 등과 함께 동아시아에 속한다. 행정구역은 1개 특별시, 6개 광역시, 9개 도로 이루어져 있다. 세계에서 유일한 분단국가로, 6 · 25전쟁 후인 1953년 휴전협정 체결 후 북한과 휴전 상태가 계속되고 있다. [출처]_두산백과

안동숭실재 [安東崇室齋]

경상북도 안동시 서후면(西後面) 성곡리(城谷里)에 있는 조선시대의 재사. 1982년 2월 24일 경상북도유형문화재 제146호로 지정되었다. 천등산(天燈山)의 봉정사(鳳停寺)로 가는 길목에 안동권씨 능동재사(安東權氏陵洞齋舍:중요민속자료 183) 및 신도비와 인접하여 있다.
풍산부원군(豊山府院君) 입암(立巖) 류중영의 묘제(墓祭)를 위한 재사이다. 몸채인 숭실재, 영모루(永慕樓)와 부속건물이 연이어져 장방형의 ㄷ자집이다. 1987년 보수공사 때 발견된 1736년(영조 12년)의 상량문에 따르면 숭실재는 본래 능효사(陵孝寺)의 한 전각이었는데 풍산류씨 문중에서 재사로 인수하여 1558년(명종 13년)에 중수하고 1622년(광해군 14년)에 보수하였다고 한다.

마임 비전 빌리지 [Maiim Vision Village]

복합문화공간이며, 드라마 시크릿가든 촬영지이다.
헬렌주현박이 설계했으며, 기업연수원으로 지어졌으나 현재는 각종 CF와 드라마 촬영장소로 활용되고 있다. 넓은 정원과 울창한 숲으로 둘러싸여 있는 마을을 형성하고 있다. 심플하고 모던한 외관과 유연한 곡선미가 눈에 띄는 내부 인테리어가 돋보인다.

White House, 마임 비전 빌리지

마임 비전 빌리지의 건물들 중 시크릿 가든이라는 드라마에서 오스카 역으로 나오는 인물의 집이다.
이승기의 가전제품 CF가 촬영된 장소이기도 하다.

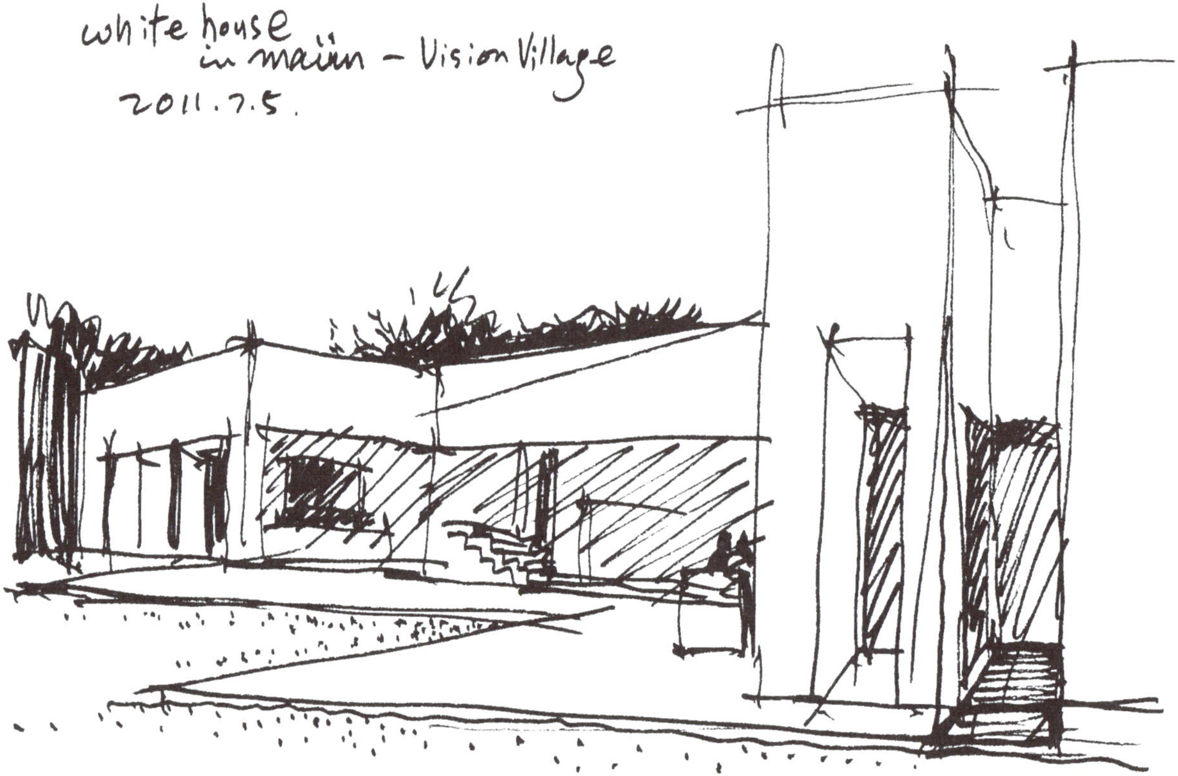

잠실지구

편리한 교통과 다양한 상권, 그리고 한강 공원과 인접해 있으며 주거환경 등이 우수하다. 서울 5대 저밀도지구 중 규모가 가장 큰 잠실지구는 잠실동 주공 1-4단지, 신천동 시영아파트 등 총 5개 단지를 포함하고 있다.

통영 마리나리조트

한국의 나폴리라 불릴만큼 수려한 관광자원과 임진왜란의 유적지가 많은 통영에 자리잡은 선진국형 해양리조트.

통영 시민문화회관

동호동에 자리 잡은 시민문화회관은 통영시의 대표적인 문화예술의 장으로 각종 공연과 전시 및 창작공간의 제공 등 다목적 문화공간으로서의 역할을 한다. 항남동 강구안 물량장에 있는 통영문화마당은 지역특성과 문화를 표출할 수 있는 예술의 열린 공간을 조성하여 시민 생활에 유익하고 풍부한 문화휴식공간을 제공하기 위해 1997년에 개장되었다. 태평동의 향토역사관은 통영과 관련된 사료를 발굴, 수집, 보존, 정리, 전시하고 있다.

충무 마리나 요트클럽

통영에서도 가장 이국적인 분위기가 느껴지는 곳이 금호 마리나 리조트에 위치한 마리나 요트 클럽이다.

통영 마리나리조트

한려수도 내에 있는 국내 최초의 육해상 종합 휴양지이다. 요트를 비롯한 다양한 해양스포츠와 해상관광을 즐길 수 있으며, 스포츠센터와 해양수족관 · 콘도미니엄 등의 레저 휴양시설을 갖추었다.

풍산류씨수동재사 [豊山柳氏壽洞齋舍]

경상북도 안동시 풍산읍 수리에 있는 조선 광해군 때의 재사(齋舍). 2001년 11월 1일 경상북도민속자료 제127호로 지정되었다. 이 재사는 원래 조선 중기의 문신 · 학자인 서애(西厓) 류성룡(柳成龍)의 묘소를 수호하기 위해 지은 'ㅁ' 자형 목조고가로 상로재(霜露齋)라고 부른다.

안동권씨능동재사 [安東權氏陵洞齋舍]

경상북도 안동시 서후면(西後面) 성곡리(城谷里)에 있는 조선시대의 목조 가옥.

1984년 1월 10일 중요민속자료 제183호로 지정되었다. 부속문화재로 큰채, 주사(廚舍), 보판각, 측간 등의 건물이 있다. 고려 삼태사(三太師) 중 한 사람인 권행(權幸)의 묘제(墓祭)를 지내기 위한 재사이다. 1653년(효종 4년)에 마루, 고방 등 16칸을 건립하였고, 그후 1683년(숙종 9년)에 경상도관찰사 권시경(權是經)이 누각 7칸을 추가로 건립하였다.

안동김씨태장재사 [安東金氏台庄齋舍]

정의경상북도 안동시 서후면 태장리에 있는 조선 중기의 건물. 경상북도 민속자료 제26호. 안동김씨 태장재사는 시조인 태사 김선평(金宣平)의 단소(壇所)를 지키고 봉향(奉享)을 위해 건립한 재사(齋舍)이다. 1711년(숙종 37년)경 작은 집을 지었다가 1749(영조 25년)에 확장하였는데, 식수난과 질병이 겹쳐 사헌부 지평 김양근(金養根)이 경향각처의 뜻을 모아 현 위치에 승려의 집을 철거하고 터를 닦아 1793년(정조 17년)에 28칸을 중건하고 익실(翼室 : 분채의 좌우 편에 달린 방)과 문루(門樓)를 옮겨 지었다.
1913년 주사(廚舍)를 현위치에 확장하여 10칸을 중건했고 1960년 풍수해를 당해 재사를 보수했다. 재사는 一자형의 이상루(履霜樓)와 ㅁ자형의 재사, ㄷ자형의 관리사로 구성되어 전체적으로는 튼 日자형의 배치형태를 취하고 있다.

안동김씨태장재사 [安東金氏台庄齋舍]

재사는 제수를 준비하는 유사실과 전사청, 참제원실로 구성되어 있으며, 이상루는 묘제(墓祭) 뒤에 음복과 문중회의를 여는 장소로 사용된다. 재사는 민도리집의 간결하고 검소한 건물이나, 누(樓)는 이익공(二翼工)의 팔작지붕건물로 누상부(樓上部)에는 3면에 판벽을 치고 판문을 설치하였다.
태장재사는 안동지역의 제사 가운데서 규모가 크고 각 부분이 용도에 따라 명확히 구분되어 있는 건물로 매년 음력 10월 10일에 묘제를 지낸다.

여수엑스포 국제관

여수 엑스포 당시 이곳에서는 참가한 나라들의 '국가의 날' 행사를 포함 참가국들의 다양한 문화행사와 전통공연 및 그 나라를 대표하는 국제적인 스타도 만날 수 있는 행사로 가득했다. 또한, 각 나라의 숨겨진 보물을 비롯해 각 나라만의 특색있는 전시 컨셉과 공연으로 관람객들을 사로잡았다.

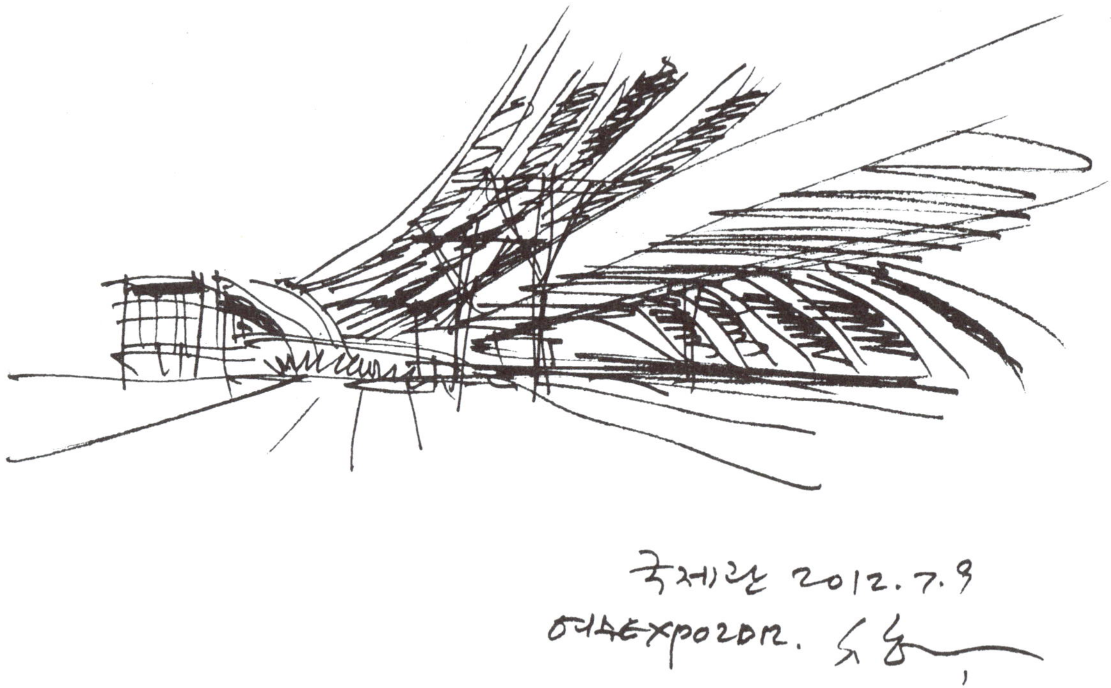

여수엑스포_국제관디지털갤러리

이 곳에는 국제관과 음식점, 기념품 매장 등이 들어서 있다. 건물 천장은 큰 규모의 LED로 만들어져 새로운 형태의 볼거리를 제공하고 있다.

여수엑스포 입구

KTX 여수엑스포역과 연결되어 있어 여수엑스포를 보러 오는 사람들로 인산인해를 이룬다.

여수엑스포 주제관

주제관에서는 바다의 가치와 인식을 통한 상생의 미래도시를 보여주고, 지구온난화와 해양 쓰레기로 인해 생명력을 잃어가는 바다의 모습과 더불어 위협받는 인류의 이야기와 미래바다를 무대로 한, 인류의 삶의 대한 상상으로 바다와 공존하는 희망적인 미래를 보여주는 곳이다.

여수엑스포 주제관

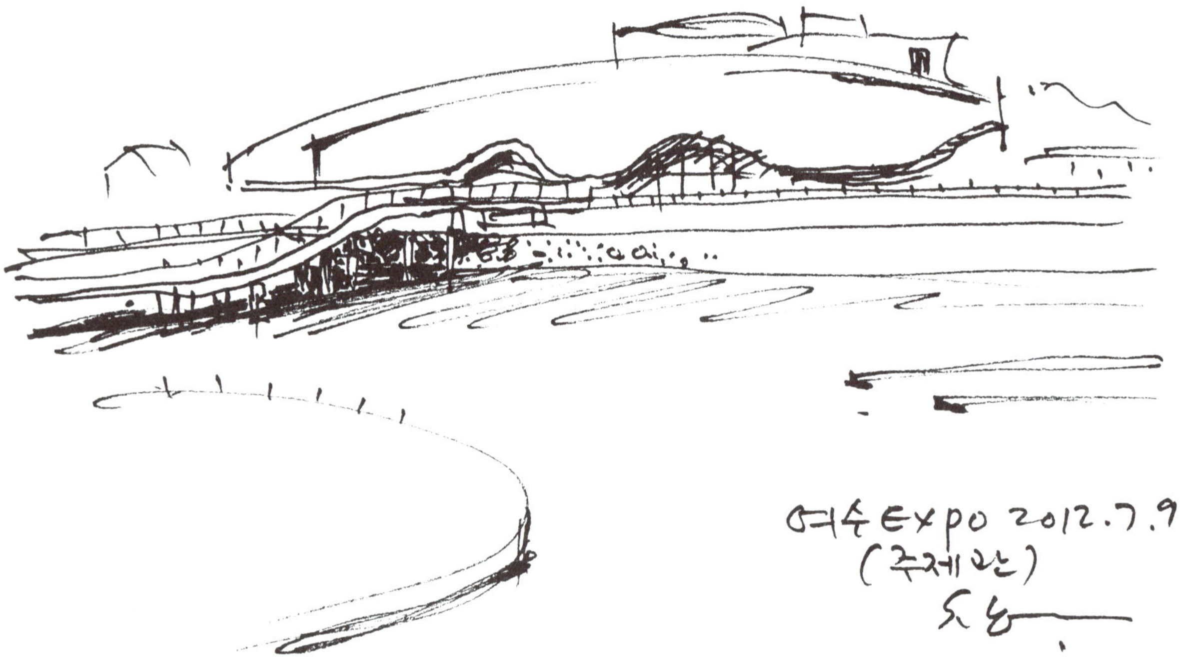

Shanghai

약칭하여 '후' 또는 '선[申]' 이라고도 부른다. 중국동부 해안의 중간 부분에 양쯔강(揚子江)이 바다로 들어가는 입구에 있으며, 해안선 길이는 220㎞이다. 전국시대 초(楚) 나라 춘신군(春申君)의 봉읍이었으며, 송(宋) 나라 때 진을 설치하여 상하이(上海)라고 부르기 시작하였다. 1927년 시(市)가 설치되었고, 현재는 중국의 4대 직할시 가운데 하나로 중요한 공업기지이며, 항구와 무역, 과학기술, 정보, 금융의 중심시이다. 면적은 약 6000㎢이며, 행정구역은 황푸 · 푸둥신 · 자베이 · 창닝 · 양푸 · 푸퉈 · 루완 · 징안 · 바오산 · 쉬후이 · 홍커우 · 자딩 · 민항 · 쑹장 · 진산 · 칭푸 · 난후이 · 펑셴 등 18개 구와 충밍의 1개 현으로 이루어져 있다. [출처]_두산백과

2010년 상하이 세계 박람회 [Expo 2010 Shanghai China]

중국 상하이(上海)에서 2010년 5월 1일부터 10월 31일까지 '도시(city)'를 주제로 열렸던 국제박람회다. 상하이 엑스포에는 총 192개 국가, 50개의 국제기구가 참여해 2000년 독일 함부르크엑스포를 압도하는 최대 규모를 기록했다.

2010년 상하이 세계 박람회 [Expo 2010 Shanghai China]

엑스포 Axis.

엑스포 엑시스는 지하 2층, 지상 2층으로 된 반 개방형 건축물로 다기능 대형 상업 및 교통의 요충지이다. 중국의 상징과 삶의 질에 대한 여유로움을 표현하고 있으며 그 부드러운 곡선미와 구조미를 통해 그린 엑스포를 표방하고 있다. 낮 동안의 태양에너지로 발광하며 색다른 휴식공간을 제공한다.

테마관.

테마관은 '골목' 과 '지붕' 을 모티브로 디자인된 건축물로 '종이 접기' 형태로 지어지며 두 평면과 세 공간을 잇는 입체 건축물이다.

2010년 상하이 세계 박람회 [Expo 2010 Shanghai China]

테마는 "보다 좋은 도시, 보다 나은 생활"(Better City Better Life)이다. 상하이 엑스포에는 총 192개 국가, 50개의 국제기구가 참여해 2000년 독일 함부르크엑스포를 압도하는 최대 규모를 기록했다. 총 795억 위안(약 12조 9,331억원)이 투자된 이 행사는 엑스포 단지로 조성된 전시장 면적이 서울 여의도의 3분의 2인 5.28km^2로 1851년 런던 엑스포 이후 역대 엑스포 중 가장 큰 규모를 기록했다. 특히 국제박람회기구(BIE)가 인정하는 등록박람회(5년마다 열리는 종합박람회)로는 사상 처음 개발도상국에서 열리는 기록도 수립하기도 했다.

전시관 외관은 동방지관, 전성중화, 천하양창, 부서백성의 구상 주제로 중국문화와 국민성을 표현하고 있다. 실내 전시관에는 동방의 발자취, 탐구여행, 저탄소 미래를 테마로 구분 전시하고 있다. 30년 동안 중국 도시 현대화 과정을 보여 주며 미래의 친환경 저탄소 도시발전상을 나타냈다.

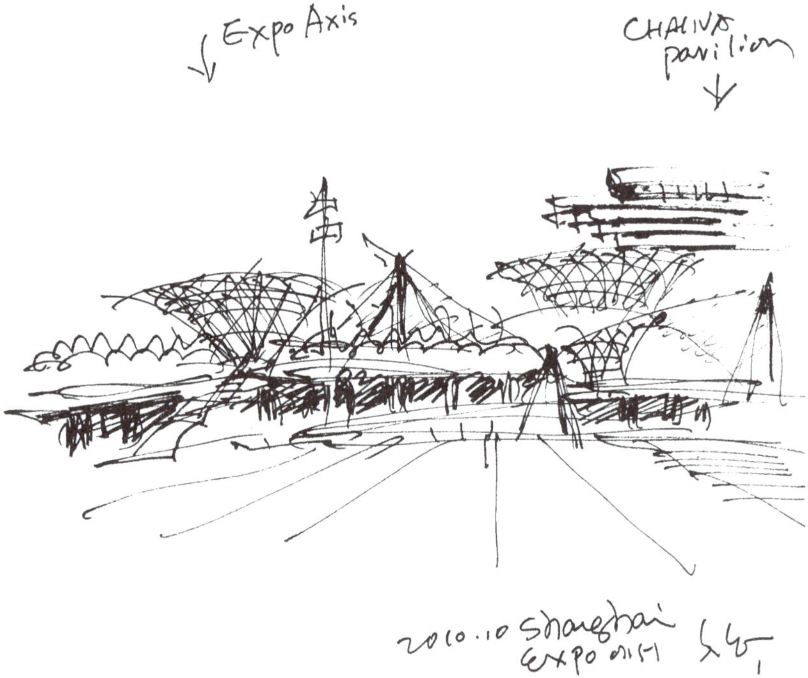

2010년 상하이 세계 박람회 [Expo 2010 Shanghai China]

덴마크관.

엑스포 C구역에 위치한 덴마크관은 핀란드, 아이슬란드, 노르웨이, 스웨덴관과 인접하여 북유럽 풍을 이루고 있다. 항구를 에워싸고 있는 성과 같은 구조는 외세침략을 방어하고 물류 요충지로서의 이익을 극대화하기 위해 노력해 온 수도 코펜하겐의 지리적 특성과 역사적 배경을 상징하는 듯 하다. 꿈의 도시를 주제로 하여 덴마크식 동화세계로 초대하여 덴마크의 도시생활을 체험하게 한다.

2010년 상하이 세계 박람회 [Expo 2010 Shanghai China]

러시아관.

러시아관은 12개의 탑과 공중에 떠 있는 입방체로 구성되어 있는데 외형설계는 고대 슬라브인 부락과 유사하며 생동감있는 꽃, 태양 및 세계를 이루는 뿌리를 상징하고 있다. 구소련의 저명 아동작가인 니콜라이 니크라에비치 노소프(Nikolai Niklaevich Nosov)가 한 "아이들이 좋아하는 도시가 최고의 도시"라는 말에서 영감을 얻은 러시아관은 그가 1954년 쓴 "두노 모험기" 에서 묘사한 꽃의 도시처럼 재미와 상상이 가득한 동화의 세계를 구현함으로써 사람들이 유년시절의 따스함과 재미를 느낄 수 있기를 희망했다.

2010년 상하이 세계 박람회 [Expo 2010 Shanghai China]

독일관.

독일관은 화합도시라는 이름으로 고전적인 형태의 도시생활 공간 및 설비로 독일인의 도시생활을 표현하였다. 독일관의 사방은 개방되어 있고, 건축설계는 유연하고 우아한 느낌을 준다. 도시가 혁신과 보호, 발명과 전통, 도시화와 대자연, 일과 휴식에 평형을 이룰 수 있다면 정말 살기 좋은 곳이 될 거라는 것이 독일관이 전하고자 하는 바이다.

상하이 [上海, Shanghai]

상하이는 흔히 중국의 경제수도라고 불리기도 한다. 공식적인 수도는 베이징이지만 워낙에 상하이의 경제성장이 돋보이고 외국 기업들이 즐비하게 늘어서 있어 정치수도 베이징, 경제수도 상하이로 통하기 때문이다.

켐핀스키 그레이트 월 코뮌 [Commune by the Great wall Kempinski]

특급호텔 겸 건축박물관으로 오픈한 코뮌은 아시아 건축가 홍콩의 게리 장, 로코 임, 중국의 추이 카이, 안토니오 오초아, 창융호, 일본의 시게루 반, 노부아키 후루야, 쿠마 겐고, 대만의 치엔 수에 이, 태국의 카니카 르쿨, 싱가포르의 케이 니 탄, 그리고 한국의 승효상 등 12명이 디자인한 개인 소장 현대건축물로서 2002년 이탈리아 베네치아 비엔날레에 전시되었다.

일본의 시게루 반이 설계한 퍼니처 하우스는 베이징의 전통 가옥 형태인 쓰허위안(四合院, 중국 화베이 지방, 베이징의 전통적인 건축 양식) 형태로, 4개의 침실, 거실, 식당이 오픈에어 테라스를 에워싸고 있다. 즉, 가운데 중정을 중심으로 공간이 중정을 에워싸고 있는 형태이다.

켐핀스키 그레이트 월 코뮌을 장식하고 있는 가구나 인테리어 소품들은 세르쥬 무이, 티에리 호프, 본 로빈슨, 필리프 스탁, 알렉스 스트럽, 클라우디오 콜류찌, 로스 메누에즈, 카나메 오카지나, 조나스 데이몬, 카림 라시드, 매튜 힐튼, 마크 뉴슨, 미셀 영 등의 작품들이다.

퍼니저 하우스에 사용된 얇은 판으로 만든 대나무는 틀 제작과 실내외의 보 마감재 등으로 사용되었다.

2010년 상하이 세계 박람회 [Expo 2010 Shanghai China]

엑스포 문화센터.

엑스포 문화센터는 날아 오는 비행접시의 모양으로 각도를 달리 할 때마다 다른 모습을 드러낸다. 사상 최초로 가변형 실내 공연장을 갖추고 있으며 수요에 따라 공연장 관람석을 5천개에서 만개 사이로 조정할 수 있다.

녹색 언덕 위의 우주선처럼 자리한 부채꼴 원형 벽면의 외관은 태양광을 차단하는 시스템을 갖추고 있으며 유리지붕 하부는 자연채광으로 전기사용을 최소화하고 있다.

2010년 상하이 세계 박람회 [Expo 2010 Shanghai China]

UAE관.
독특한 방법으로 세계에 태양에너지의 활용을 이야기하고자 했다. 사막의 곡선미에서 얻은 영감을 바탕으로 연구와 논증을 거쳐 모래언덕 모양의 건축물을 설계하게 되었다. 아부다비에서 실현하고 있는 무탄소 도시를 체험할 수 있는 건축물이다. 웅장한 구성과 재사용 가능한 건축자재는 대자연과 건축물 서로를 돋보이게 한다.

베이징 올림픽 주 경기장 [北京國家體育場, The National Stadium]

2008년 중국 베이징에서 개최되는 제29회 올림픽경기대회의 주 경기장이다. 설계는 2002년 국제 공모에서 당선된 스위스의 헤르조크 & 드뮈롱사(Herzog & DeMeuron社)와 중국건축디자인연구소(China Architecture Design Institute)가 맡았다. 2003년 12월에 착공하였고 2008년 4월에 완공하여 일반에 공개되었다.
전통적인 아름다움을 살리면서도 기능적으로 설계되었는데, 새가 나뭇가지를 얽어 둥지를 짓듯이 뼈대를 얽은 모습 때문에 '새둥지' 라는 뜻으로 '냐오차오(鳥巢)' 라고 부르기도 한다. 빗물과 토양을 재활용할 수 있도록 설계되었다.

텐진 올림픽 센터 [Tianjin Olympic Center]

텐진 올림픽 센터는 중국 텐진에 위치한 경기장이다. 이 경기장에서 2007년 FIFA 여자 월드컵과 2008년 하계 올림픽의 올림픽 축구 예선전이 개최되었다. 텐진 올림픽 센터는 78,000m^2의 면적에 54,696명을 수용할 수 있다. 길이는 380m, 너비는 270m, 높이는 53m이다.

이 경기장의 별명은 "빗방울(Water Drop)" 인데 경기장의 바깥 모습이 빗방울과 많이 닮았기 때문이다. 이 경기장을 건설하는 데 15억위안이 소요되었다. 2003년 8월에 건설을 시작하여 2007년 8월에 완공되었다.

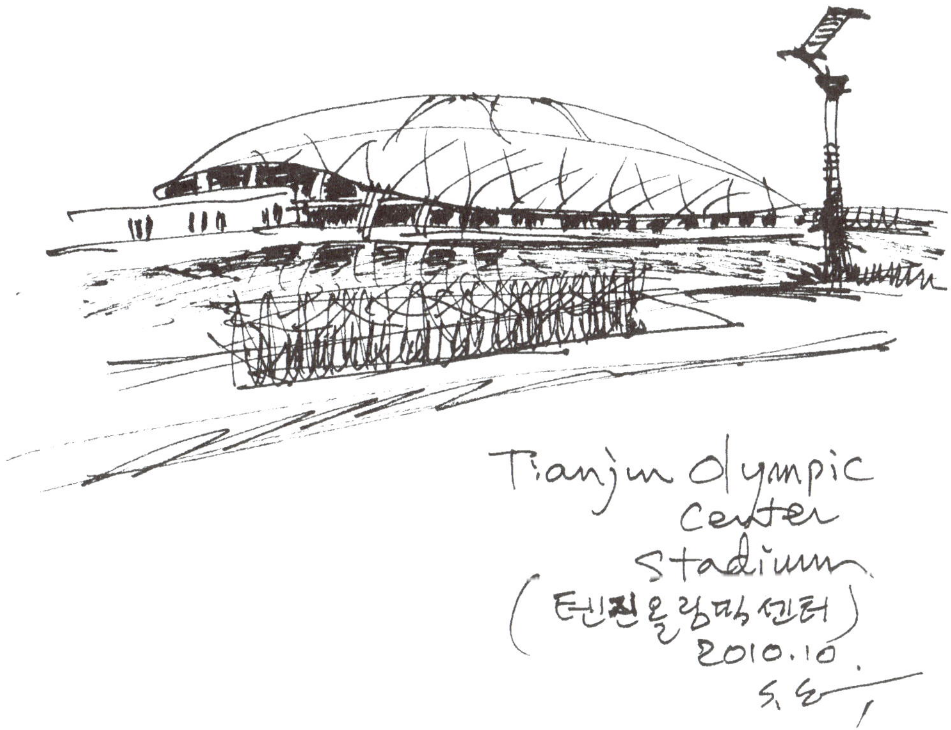

2010년 상하이 세계 박람회 [Expo 2010 Shanghai China]

영국관.

영국 황실 식물원과 곤명(昆明) 식물연구소가 합작하여 설립한 큐 천년 종자은행(The Kew Millennium Seed Bank)이 제공한 온갖 종류의 씨앗이 6만 858개의 7.5m짜리 무색 아크릴 막대기 끝에서 산들거린다. 최대 관람 핵심은 고정관념을 파괴한 '사고의 전환' 이다.

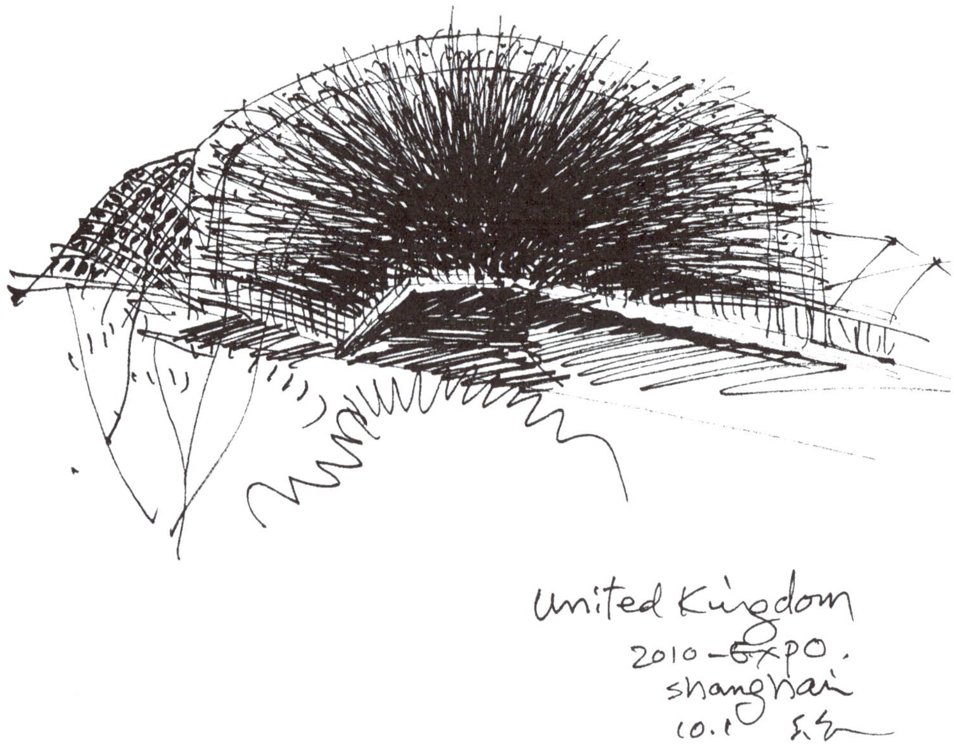

2010년 상하이 세계 박람회 [Expo 2010 Shanghai China]

미국관.

전시 주제는 2030년을 겨냥하여 '지속 가능한 발전, 단합정신, 건강한 생활, 분투와 성취' 등 엑스포를 중심 주제로 나타냈으며 미국인의 문화 전통 및 민족정신을 보여 준다.

2010년 상하이 세계 박람회 [Expo 2010 Shanghai China]

한국관.

대한민국 전시관은 건축가 조민석씨가 한국의 상징인 한글을 소재로 디자인하였고, 미술가 강익중씨의 한글 아트타이를 사용하였다. 외관은 한글의 자음과 모음을 기하학적으로 형상화해 컬러픽셀 미술장식 방식으로 "컴뮤니케이션과 융합" 을 문화적 내용으로 대한민국 문화를 말해 준다.

1층은 일정한 비례로 축소한 '나의 서울' 을 동영상으로 보여 주고, 2층은 문화, 과학기술, 인성과 자연, 표현하는 '나의 생활' 을 하이테크 수단으로 전시한다. 또 2012년 여수 여수엑스포에 전시되는 기술과 한려수도의 아름다움을 표현한다. 자연과 함께 한 미래의 친환경도시 속의 생활을 보여주는 '나의 생활관' 에는 실제 대한민국을 체험하게 한다.

Japan

일본어로는 '니혼' 또는 '닛폰' 이라 한다. 공식 국호는 닛폰코쿠[日本國]북쪽으로 홋카이도 북쪽의 소야[宗谷] 해협 및 북동쪽의 네무로[根室] 해협을 끼고 러시아의 사할린 및 쿠릴 열도 남단의 구나시리섬과 대하며, 남쪽으로는 난세이[南西] 제도가 타이완[臺灣] 근해까지 이어진다. 서쪽으로는 동해(東海)와 대한해협을 사이에 두고 러시아의 연해주(沿海州:Primorskij Kraj) 및 한국과 대하는데, 대한해협 중간에 있는 쓰시마섬[對馬島]은 부산에서 50km 거리에 있다. 동쪽으로는 오가사와라 제도 [小笠原諸島] 등이 산재하면서 태평양에 면한다. 행정구역은 43개현, 1개특별도(都), 1개도(道), 2개부(府)로 되어 있다. [출처]_두산백과

에도시대 Tema park

일본의 전국시대 말기에서 에도시대 초기에 걸친 사회, 풍속, 문화 등을 재현한 테마파크이다. 약 15만여 평의 부지 안에 서민 마을과 무사저택거리, 당시 생활상을 재현한 마네킹 모형 등이 있다. 또한 역사상의 영웅들을 연극으로 볼 수 있는 극장 및 체험관 등이 들어서 있다.

북해도 오타루 [小樽, Otaru] 오르골 [화란어: Orgel, 영어: Music Box] 전시장

오타루의 보배로 불리는 사카이마치도리[堺町通り]의 동쪽 끝에 있는 메르헨교차점에 위치한다. 이 지역은 오타루에서 로맨틱지역으로 분류되며 미나미오타루 역에서 가깝다. 1912년에 만들어진 벽돌 건물이며 내부로 들어가면 2층으로 된 판매점에 약 1만여 점의 오르골을 화려하게 장식하고 있다. 목조로 만들어진 인테리어는 오르골과 잘 어울리는 분위기를 연출한다. 맞은편 오르골당 2호관도 오르골을 파는 매장인데, 앤틱 뮤지엄으로 불리며 1908년에 제작된 파이프 오르간이 유명하며 방문객을 위해 연주를 시연한다. 오타루 오르골당은 일본 전역에 지점을 두고 있다. 그외 오타루에는 사카이마치도리에는 몇몇 오르골을 파는 상점이 있는데 오타루 오르골당[小樽オルゴール堂] 본관이 가장 유명하다. 건물 앞에는 캐나다의 시계 직공이 만든 증기 시계가 있다. 이 시계는 컴퓨터 제어에 의해 증기를 발생시키는데, 1시간마다 시각을 알리고 15분마다 5음계의 멜로디를 연주한다.

북해도 역사박물관

1888년에 세워진 미국 네오바이크 건축양식의 벽돌건물이며 구 북해도청사이다. 붉은 벽돌로 지어져 중후한 느낌을 준다. 120마년 전부터 현재까지의 모습을 전시해 놓았고 아이누족에 의해 시작된 북해도의 예전 모습부터 현재까지의 역사를 한 눈에 알 수 있다. 붉은 벽돌로 지어졌기에 아까렝가라고 불리기도 한다. 메이지유신 이후 일본 정부의 홋카이도 개척임무를 수행하기 위해 만든 청사로 지금은 여러 가지 자료관으로 쓰이고 있다.

역사자료센터 레이메이칸

가고시마의 역사, 민속, 미술, 공예를 소개하는 레이메이칸의 부지는 에도시대 쓰루마루 성의 혼마루(성의 중심 건물, 주성) 유적으로서 지금도 해자, 석벽, 석교 등 유서깊은 사적이 현 지정 사적으로 보존되어 있다.

역사자료센터 레이메이칸

레이메이칸 고대부터 현대까지 가고시마의 역사를 중심으로 가고시마 고유의 민속, 미술, 공예에 관하여 알기 쉽게 소개하고 있는 박물관, 메이지 유신이나 세이난 전쟁에 관한 자료가 특히 충실하며 천주교와 조총의 전래 등 흥미로운 자료도 많다. 레이메이칸이 들어선 자리는 역대 영주의 성이던 쓰루마루 성 유적이다.

기리시마신궁 [霧島神宮(무도신궁)]

기리시마신궁은 가고시마현 기리시마시에 있는 신사이다. 6세기에 창건되었으며 일본 건국신화에 등장하는 태양의 신 아마테라스의 손자 니니기노미코토를 모신 긴 역사를 자랑하는 신사이다.

니니기노미코토(瓊瓊杵尊)가 타카치호노 미네 부근에 내려왔을 때, 왕권을 상징하는 검, 거울, 보석 이 세가지 물건을 갖고 왔다고 한다. 그는 결국에는 지역의 공주와 결혼을 하는데, 거기에서 일본의 황족이 시작되었다고 한다. 이 일련의 신화는 쿠멘다이코(九面太鼓)라는 항토예능으로서 매년 2월11일에 기리시마신사에서 봉납되고 있다. 이외에도 기원축제등 연간 100회 이상의 제례가 거행되고 있다.

붉은색 칠이 멋진 사전(社殿)은 18세기에 21대 번주 시마즈 요시타카(島津吉貴)가 기증한 것으로, 국가 중요문화재로 등록되어 있다. 사전(社殿)은 서쪽의 닛코(西の日光)라고 불리울 정도로 화려하게 장식되어 있다.

지란 무가저택

지란 무가저택은 하하가다케산(母ヶ岳)의 웅대한 모습을 차경으로 세워진 아름다운 정원군이다. 마을은 야시키(屋敷)의 경관에 잘 어울리는 산울타리와 돌담으로 조화를 이루고 있다. 사쓰마(薩摩)의 쇼교토(小京都)라고 불리우는 경관은 주변의 부케야시키(武家屋敷)와 정원 등을 포함하는 18.6헥타르에 달하는 면적이 중요전통적 건조물군 보존지구로 지정되어 있다.

이부스키 이와사키 호텔 [Ibuski Iwasaki Hotel]

가고시마현 사쓰마 반도 최남단에 위치한 호텔로 천연 모래찜 온천이 유명하다. 남국의 분위기가 물씬 풍기는 리조트형 호텔이다.

하우스 텐 보스 [Huis Ten Bosch]

일본 나가사키현 사세보에 있는 테마 리조트 공원.

1.52km²의 넓은 부지에 40만 그루의 나무와 30만 종의 화초가 자라고 길이 6km, 너비 20m, 깊이 5m의 운하가 있다. 17세기 네덜란드의 왕궁과 거리를 재현하여 '일본 속의 네덜란드' 라 불린다. 하우스텐보스란 네덜란드어로 '숲속의 집' 이라는 뜻이다.

'신비한 에스허르' 는 착각 그림으로 유명한 네덜란드의 화가 에스허르(M.C. Escher:1898~1972)의 착상을 바탕으로 극장 계단을 만들어 이용객들로 하여금 방향 감각을 잃게 하며, '대항해체험관' 은 거대한 스크린에 비치는 영상에 맞추어 바닥이 움직이는 장치로서 17세기 네덜란드의 범선에 탄 듯한 느낌을 준다.

전 세계에서 가져온 카리용(carillons)과 종들을 전시한 일본 최초의 박물관 카리용 심포니카(Carillon Symphonica), 동서양 도자기 제품을 모아 놓은 도자기박물관, 네덜란드 해상무역의 역사를 전시해 둔 선박박물관(Tall Ship Museum) 등이 있다.

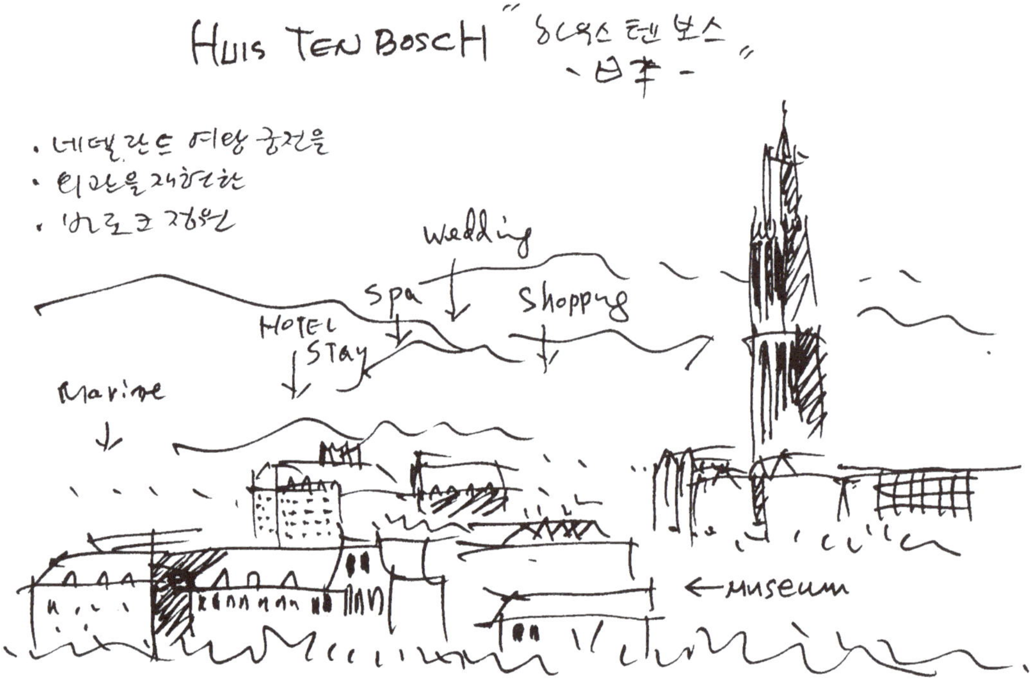

Brunei

정식명칭은 브루나이 다루살람(Negara Brunei Darussalam)으로 '평화의 공동체'라는 뜻을 지니고 있다. 지리적으로 말레이시아의 사라와크주(Sarawak)와 국경을 맞대고 동서로 양분되어 있다. 수도인 반다르스리브가완(Bandar Seri Begawan)이 있는 북부 해안지역에 인구가 밀집해 있다. 반다르세리베가완은 브루나이 타운(Brunei Town)으로 불리다가 오마르 알리 싸이푸틴의 칭호를 따라 1970년 현재의 지명으로 바뀌었다. 행정구역상 데라(daerah)라는 4개의 주(district), 즉 국토의 서쪽에서 동쪽으로 벨라잇(Belait), 투통(Tutong), 브루나이 · 무아라(Brunei and Muara)와 말레이시아 영토로 둘러싸여 고립된 템부롱(Temburong)으로 나뉘진다. 국토의 85%가 숲과 삼림지대이며, 경작할 수 있는 땅은 2% 정도이나 풍부한 석유 자원과 천연가스로 인해 세계 최부국의 하나이다. 독립 즉시 영국연방에 가입하였다.

[출처]_두산백과

자미 아스리 볼키아 모스크 [Jami Asri Bolkiah Mosque]

국왕 즉위 25주년을 기념해 지은 사원이다. 우리나라 경남기업이 건설에 참여해 1992년에 완공했다. 황금으로 칠한 29개 돔에는 25t의 황금이 사용되었다. 돔이 29개인 이유는 현재 국왕이 29대 왕이기 때문이다. 사원 입구에는 씻는 곳이 마련되어 있다. 모스크 내부는 일반인에게도 개방되지만 사진 촬영은 할 수 없고 바닥에 놓인 카펫을 밟지 않도록 주의해야 한다. 또 기도하는 사람들에게 말을 걸어서도 안 된다. 정문은 왕가만 이용할 수 있으므로 관광객들은 다른 문을 통해 들어가야 한다. 기도 시간을 알리는 아잔이 사원 내에 울릴 때는 잠시 밖에서 기다렸다가 기도가 끝나면 입장하는 것이 예의다.

자미 아스리 볼키아 모스크 [Jami Asri Bolkiah Mosque]

볼키아(Hassanal Bolkiah) 국왕의 즉위 25주년을 기념하기 위하여 1994년 7월에 건축되었다. 4,500명을 수용할 수 있는 브루나이 최대 규모의 모스크이다. '브루나이 이슬람 수호의 상징' 으로 불린다. 4개의 미나레트와 두 개의 골든 돔(Golden Dome)이 있다. 내부는 호화 샹들리에, 대리석 등으로 장식되어 있다. 입장시 소지품과 신발은 입구에 맡겨야 하며 여자는 이슬람식 검은 예복을 입어야 한다.

Croatia

정식명칭은 크로아티아공화국(Republic of Croatia)이다. 북쪽으로 헝가리, 동쪽으로 세르비아, 서쪽으로 슬로베니아, 남쪽으로 보스니아-헤르체고비나와 국경을 접하며 서남쪽으로 길게 아드리아해에 면한다. 독립 선언 후 세르비아가 크로아티아 내 세르비아인의 학대를 우려하여 연방 탈퇴를 반대함으로써 전쟁상태에 돌입하였고, 크로아티아 내의 세르비아인들은 '크라이너' 라는 공화국을 수립하여 연방군과 함께 크로아티아에 맞서 싸우다가 1994년 휴전했다. 행정구역은 20개주(zupanija)와 1개시(grad)로 되어 있다. [출처]_두산백과

자다르 개선문 [Zaadr]

자다르의 구시가지를 들어가는 입구의 문으로 1643년 베니스인들이 도시벽을 재건축할 때 만든 것으로 르네상스 스타일로 지어졌고 승리를 상징하는 3개의 아치문 형태를 하고 있고 가운데 아치 위로는 성 크르제반이 말을 타고 있다.

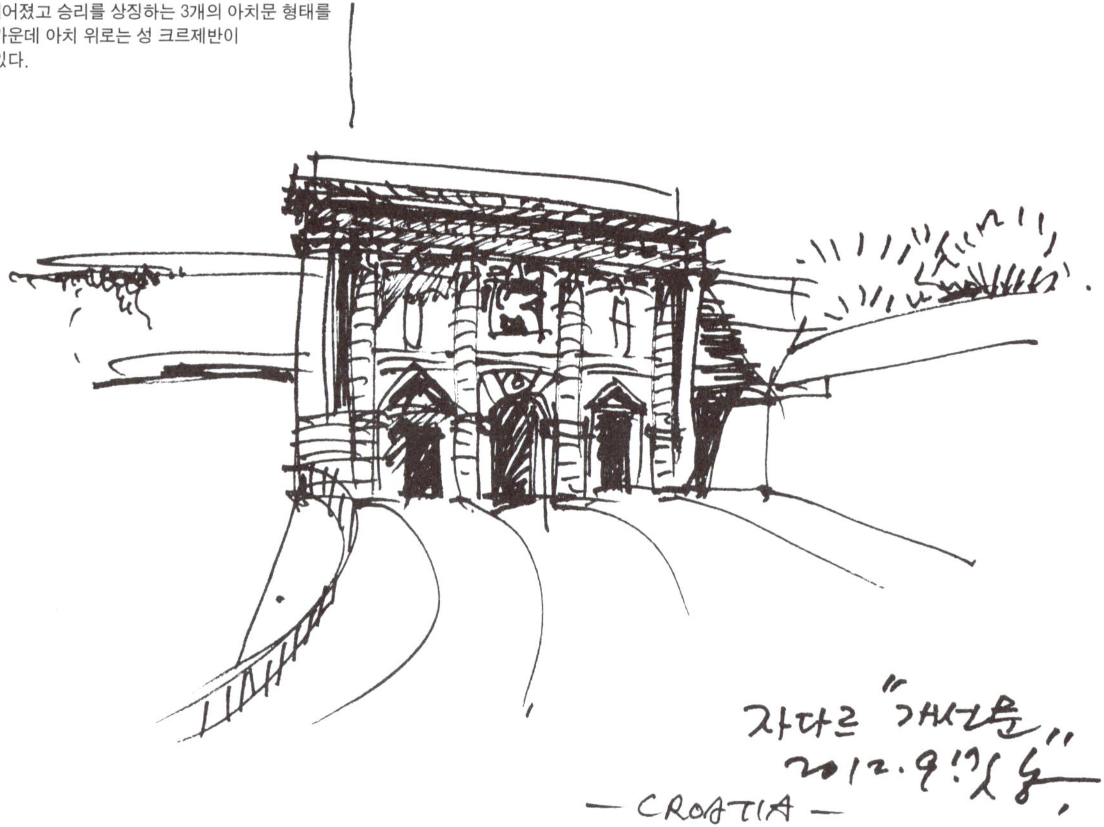

드브로브닉성 [Dubrovnik Castle]

드브로브닉은 성벽으로 둘러쌓인 도시로 유명하다. 성 안으로 들어가기 위해서는 성벽을 통과해야 하는데, 이 성벽이 세계적으로 유명하고 드브로브닉의 최고의 관광지로 꼽힌다. 이 성벽 덕분에 지금까지 드브로브닉이 보존되고 유지될 수 있었다.

드브로브닉성 [Dubrovnik Castle]

성 블레이세 교회 [The Church of St. Blasius]

성 블레이세는 드브로브닉의 수호성인이다. 성 블레이세를 기념하기 위해 지어진 교회로 이 도시 사람들이 가장 사랑하는 교회이다. 1667년 대지진 당시에 무너지지 않아서 유명하기도 하다. 대표적인 바로크양식의 교회이다.

The Bell Tower [벨 타워]

벨 타워는 1444년에 지어졌으며 지진 때 피해를 입고 무너질 위험에 처했고 1929년 복원되었다. 이 도시의 상징 중 하나이다. 벨 타워 위에서 시가지를 내려보는 풍경이 아름답기로 유명하다.

렉터 궁전 [The Rector's Palace]

렉터 궁전은 1358년부터 1808년까지 이 지역을 통치하던 라구사(Ragusa) 궁화국의 궁전으로, 렉터는 최고통치자를 뜻한다. 아드리아 해 연안에서 가장 아름다운 건축물로 꼽히는 렉터 궁전은 수로를 매립하여 플라차 거리와 오노프리오 분수를 만든 이탈리아의 건축가 '오노프리오 데 라 카바(Onofrio de la Carva)가 1435년에 건축하였다. 그 후 1667년 대지진 때 파괴된 것을 17세기에 르네상스와 바로크 양식으로 재건하였다.

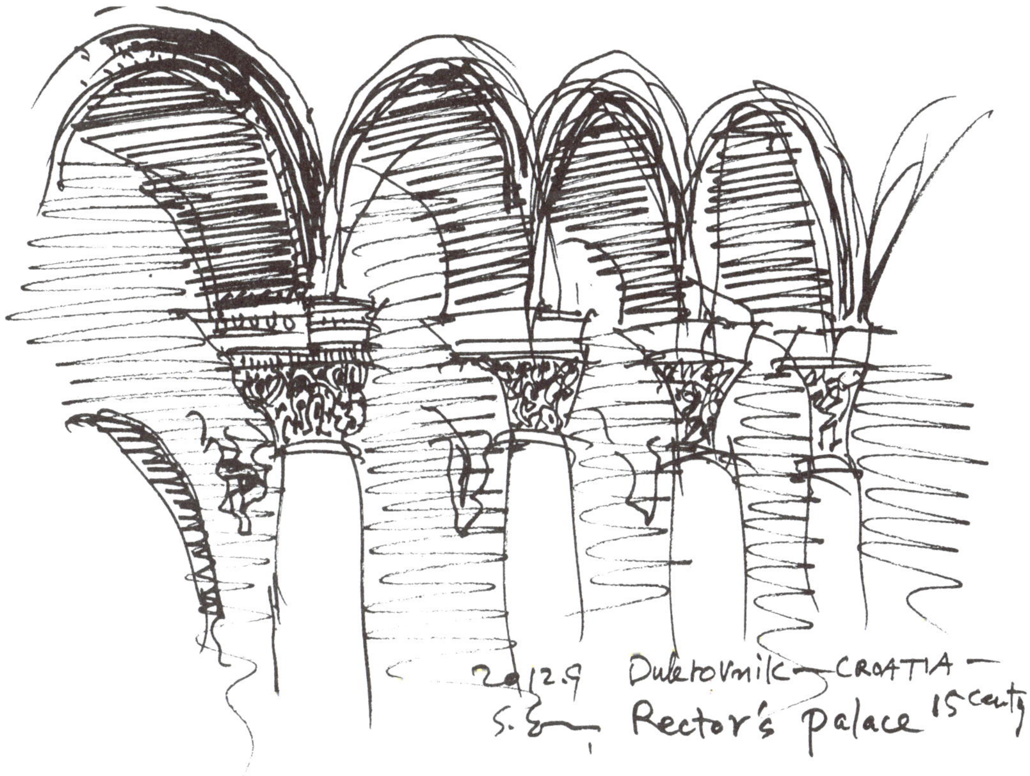

메스트로비츠 미술관 [Mestrovic Gallery]

메스트로비츠 미술관은 크로아티아를 대표하는 휴양 도시 스플리트에 있는 미술관이다. 20세기 크로아티아를 대표하는 조각가 이반 메스트로비츠(Ivan Mestrovic, 1883~1962)의 작품을 주로 전시한다. 박물관이 전시공간으로 활용하고 있는 곳은 메스트로비츠가 여름 별장으로 활용했던 곳이다. 그는 1920년대에 스플리트에 땅을 사둔 뒤 이곳에 별장을 지었는데 본인이 손수 건물의 디자인을 한 것으로 알려졌다. 그는 이곳에서 1941년까지 매년 여름을 보냈다. 1952년 그는 별장과 자신의 작품 132점을 크로아티아 정부에 기증했고 이때부터 별장은 미술관으로 일반에 공개됐다.

알로지제 스테파니츠 추기경 박물관

자그레브 대성당 바로 옆에 있는 박물관으로 2차대전 당시 독재에 맞서 싸우던 스테피나츠의 추기경의 박물관이다.

자그레브 대성당 [Zagreb Cathedral]

자그레브 대성당 또는 자그레브 주교좌 성당은 크로아티아 자그레브에 있는 가장 유명한 건물로 캅톨 언덕 위에 세워져 있는 가장 높은 건물이다. 주보성인은 하늘나라로 승천한 성모 마리아와 성 스테파노, 성 라디슬라오이다. 대성당과 대성당 내부의 제의실은 전형적인 고딕 양식이며, 건축학적으로 가치가 대단히 높다. 대성당의 첨탑은 시내 어느 곳에서도 볼 수 있을 정도로 높다.

자그레브 대성당 [Zagreb Cathedral]

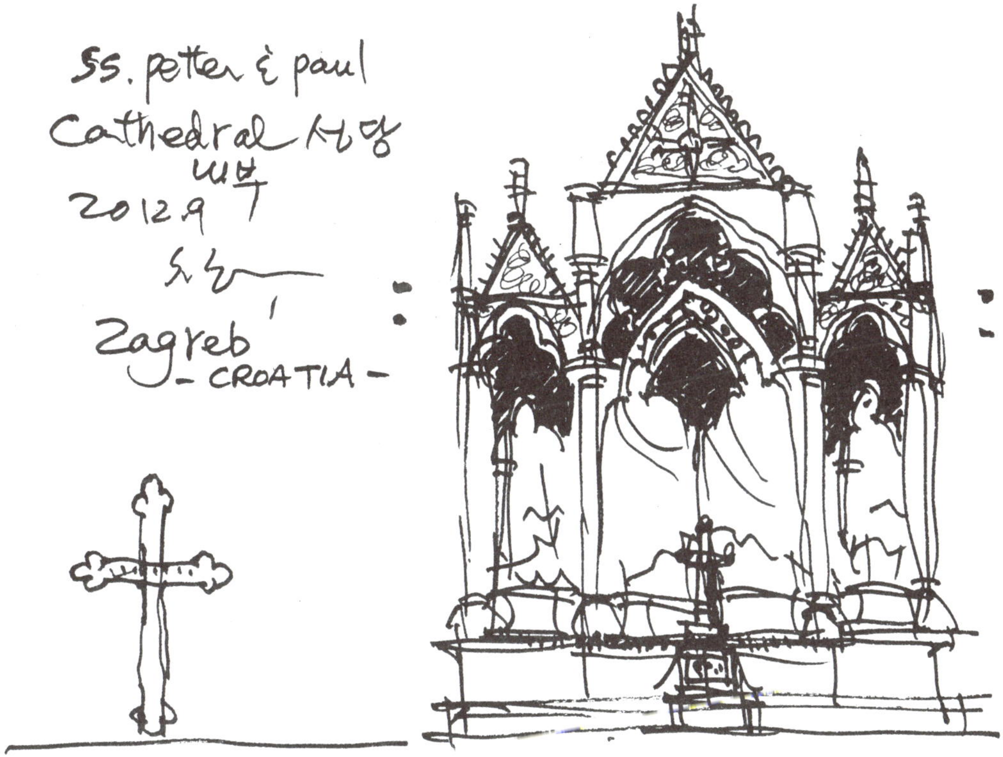

마리아 비스트리카 [Maria Bistrica]

매년 80만명 이상이 찾아가는 크로아티아 최대의 성지로 목각성모상이 유명하다. 목각성모상은 오스만 터키가 침공했을 당시 본당 신부님이 제대 밑에 숨긴 후 1684년 다시 재발견 되었다.

디오클레티안 궁전 [Diocletian's palace]

스플리트에서 가장 유명한, 그리고 빠뜨리지 말아야 할 명소를 꼽으라면 이곳 디오클레티안 궁전을 꼽을 수 있다. BC 295년에 로마황제 디오클레티아누스의 명령하에 지어진 궁전으로 퇴위한 이곳으로 와 숨을 거둔 AD 305년까지 거주했다.
28,000 스퀘어 미터가 넘는 넓은 공간을 차지하고 있는 디오클레티안 궁전은 주주식건축양식을 보여주는 건축물로 평가받고 있다.

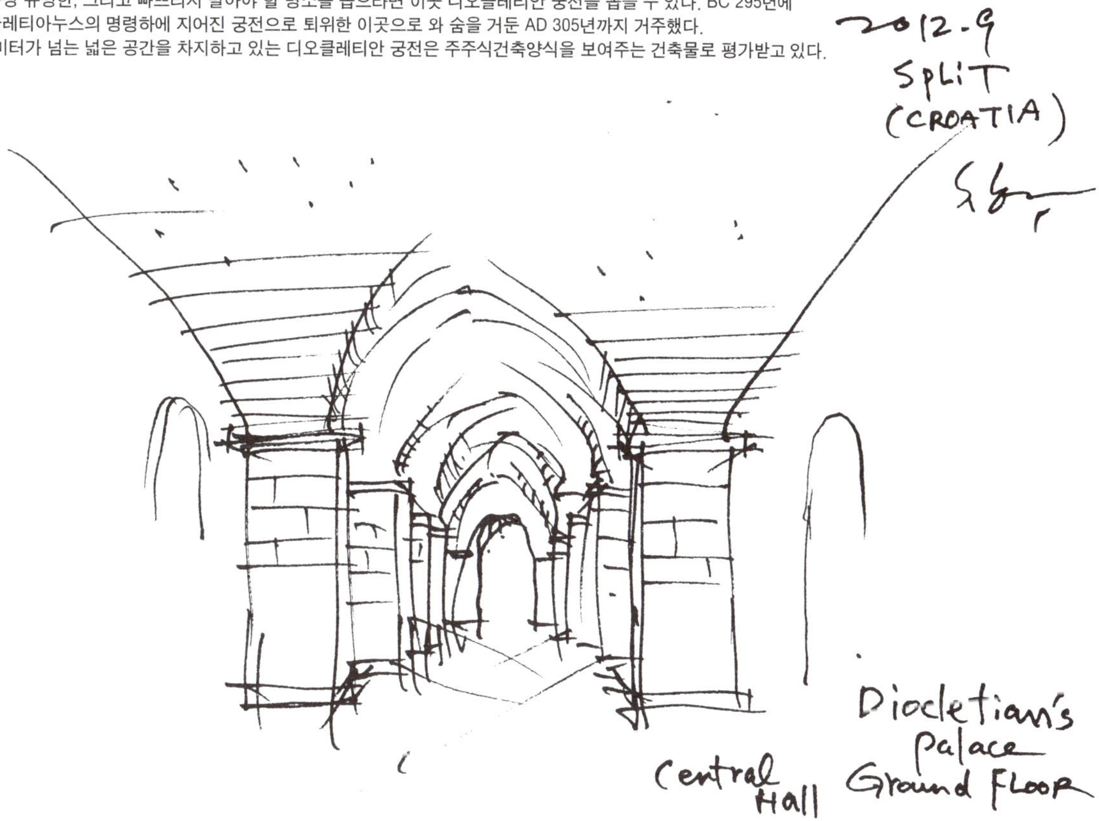

스폰자궁 [Sponza Palace]

구시가지의 스트라둔(Stradun) 거리 끝에 있다. 1516~1522년 해상무역 중심 도시 국가 라구사공화국(Ragusa Republic)의 모든 무역을 취급하는 세관으로 지었다. 커다란 직사각형 형태로 되어 있으며 우아한 아케이드, 기다란 고딕 양식의 창문 등이 특징이다. 중앙홀은 예전에 많은 무역인들이 모이는 장소로 이용되었고 한쪽 부속건물에는 14세기 국립조폐국이 들어섰으며 그밖에도 은행 · 귀중품창고 · 무기고 등이 있었다.두브로브니크에서도 아름다운 건물로 꼽히며 1667년의 대지진에도 손상을 입지 않은 채 본모습이 보존되어 있다. 16세기 말에 라구사공화국 중앙문화센터로 바뀌었다. 현재 매년 두브로브니크 여름축제의 개막식이 열리며 중앙홀은 미술관으로 이용된다.

성 도미니우스 성당 [The Cathedral of St.Dominius]

디오클레티안 궁전 안에 8각형 모양의 성 도미니우스 대성당은 정교한 장식의 기둥머리를 가진 코린트식 원주 24개가 떠 받치고 있고, 성당 입구에는 2마리의 사자 석상이 지키고 있다. 이 건물은 원래 디오클레티아누스 황제의 영묘였으며, 중앙에 디오클레티아누스 황제의 석관이 놓여 있었다.

성 로렌스 대성당 [Cathedral of St. Lawrens]

15세기 피렌체의 건축가 니콜라스의 작품으로 로마네스크 양식으로 건축된 성당이다. 성 로렌스 대성당은 크로아티아에서 가장 걸작품으로 꼽히는 건축물이라고 한다. 대성당의 문 입구에 라도반의 정교한 조각작품 '아담과 이브'의 조각상이 특징이다. 성 로브로 성당이라 불리우기도 한다.

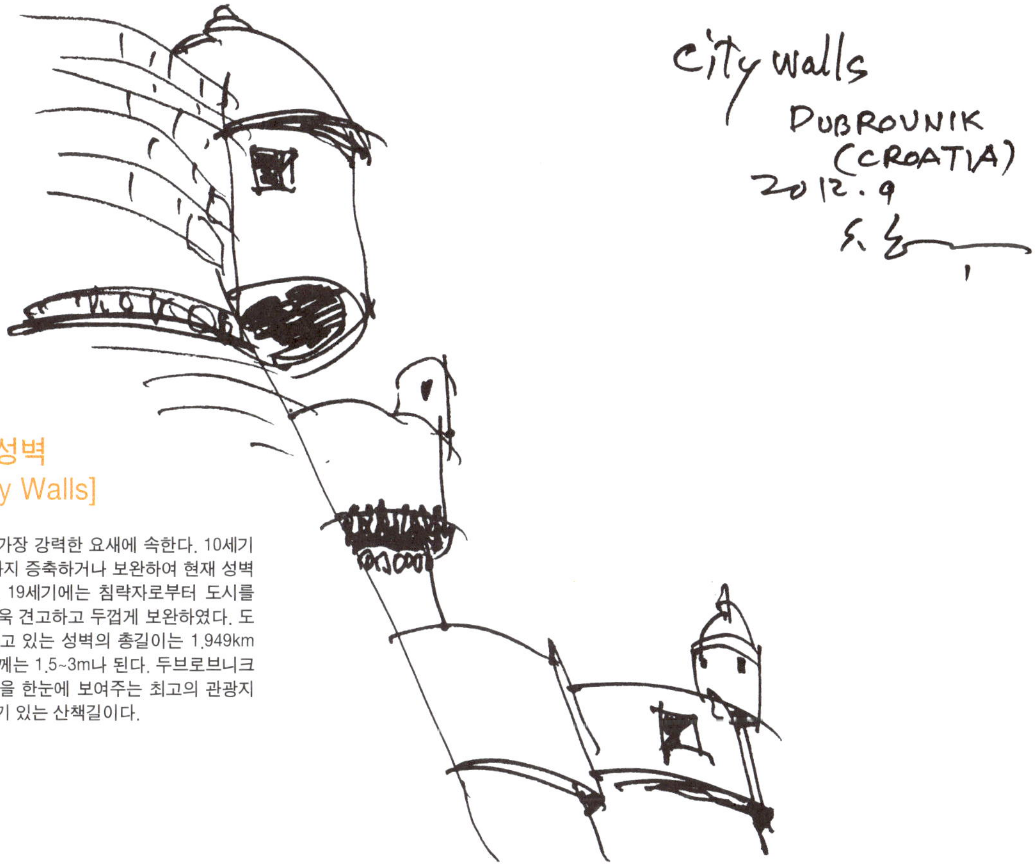

두브로브니크 성벽
[Dubrovnik City Walls]

유럽에서 가장 아름답고 가장 강력한 요새에 속한다. 10세기에 건설되어 13~14세기까지 증축하거나 보완하여 현재 성벽 모습의 기초를 이루었다. 19세기에는 침략자로부터 도시를 방어하기 위해 성벽을 더욱 견고하고 두껍게 보완하였다. 도시 전체를 원형으로 감싸고 있는 성벽의 총길이는 1,949km 이며 최고 높이는 6m, 두께는 1.5~3m나 된다. 두브로브니크의 역사와 중세시대 성벽을 한눈에 보여주는 최고의 관광지이며 시민들에게 가장 인기 있는 산책길이다.

고고학 박물관 [Split Archaeological Museum]

1820년 오스트리아 황제 Francis 1세에 의해 지어졌고, 크로아티아에서 가장 오래된 박물관이다. 중앙 달마시아에서 가져온 유물들이 많다. 고고학 박물관은 대표적인 스플리트의 관광지 중 하나이다.

자그레브 대성당 [Zagreb Cathedral]

자그레브 대성당 [Zagreb Cathedral]

나로드니광장 [Narodni Square]

크로아티아 스플리트에 있는 광장이다. 디오클레티아누스 궁전(Diocletian"s Palace)의 서쪽문인 "철의 문"과 연결되어 있다. 14세기에 건설되었다. 보행광장으로 스플리트의 주요 광장이지만 유럽의 다른 광장에 비해 매우 작은 편이다. 많은 사람들이 모이는 곳이며 만남의 장소이다. '나로드니' 는 "사람"이라는 뜻이다. 바닥은 흰 대리석으로 포장되었으며 주위에는 오픈 카페들이 들어서 있다. 가운데에는 15세기에 건축된 시청건물이 있는데 이는 3개의 고딕 양식 아치로 장식되었고 지금은 민족박물관으로 사용한다.

트라코슈찬 성 [Trakoscan Castle]

트라코슈찬성은 13세기의 고딕 건축양식을 보여주고 있는 성으로 오랫동안 영향력있는 유럽인들과 크로아티아 인들의 가족들이 지내던 곳으로도 알려져 있다. 다양한 스타일의 실내 장식을 대표하는 4개의 층이 있는 박물관을 가진 잘 보손된 성이다.

성 로렌스 대성당 [Cathedral of St. Lawrens]

시립박물관 [Museum of the city of Split]

15세기 Papalic's palace가 오늘날 스플리트 시립박물관이다. 원래의 궁의 모습을 보는 것만으로도 방문할 만하다. 스플리트의 다양한 건물들에 있었던 장식품, 조각상, 미술작품 등이 전시되어 있다.

프란시스코 수도원 [The Franciscan Monastery]

프란시스코 수도원은 1235년 이탈리아 아시시 출신의 프란시스코가 두브로부니크에 머물며 사람들의 병을 고쳐주어서 그로인해 시 외곽에 수도원이 세워졌고, 1317년에는 현재의 자리에 로마네스크와 고딕양식으로 교회, 정원, 도서관, 박물관을 갖춘 복합 수도원 시설이다

드브로브닉성 [Dubrovnik Castle]

필레 게이트 [Pile Gate]

중심가인 스투라둔(Stradun)에 있는 시티월의 입구에 위치하며, 구시가지 서쪽으로 들어가는 출입문 역할을 한다. 1472년 건축가 파스코예 밀리체비츠(Paskoje Milicevic)가 건축했다. 고딕양식의 석조 건축물로, 아치형의 안쪽 문과 바깥쪽 문 2개로 구성된다. 구시가지를 연결하는 석조다리도 포함되는데 이 다리는 1471년에 건축되었다. 게이트 안쪽의 아치 모양 문 위에는 이 도시의 수호성인인 성 브라이세(St. Braise) 상이 놓여 있다. 이 상은 유명한 조각가인 이반메스트로비츠(Ivan Mestrovic)가 조각했으며 1537년에 건설된 나무로 된 도개교와 마주하고 있다.

Slovenia

정식명칭은 슬로베니아공화국(Republic of Slovenia)이다. 알프스산지의 동쪽 산록에 자리잡고 있어 국토의 대부분이 산지인 고산국가이다. 북쪽으로 오스트리아, 동쪽으로 헝가리와 크로아티아, 서쪽으로 이탈리아, 남쪽으로는 크로아티아와 국경을 접하며, 국경의 일부가 남서쪽으로 아드리아해의 피란만과 면한다. 2004년 NATO와 EU에 가입하였다. 아드리아해의 피란만을 둘러싸고 크로아티아와 국경을 접하고 있어 연안 출구의 갈등을 겪고 있다. 행정구역은 182개주(obcina)와 11개시(mestna obcina)로 되어 있다. [출처]_두산백과

성 마틴 교회 [St. Martin's Church]

1000년 최초로 예배당이 세워졌으며, 15세기에는 고딕양식의 교회가 지어졌다. 지금의 교회는 1905년, 건축가 프리드리히 폰 슈미트에 의해 네오 고딕양식으로 재건축되었다. 예배당 내부에는 화가 Slavko Pengov의 프레스코 벽화로 장식되어 있다.

블레드 성 [Bled Castle]

블레드성은 블레드 호수 한쪽 깎아지른 듯한 바위 절벽 위에 우뚝 솟아있다. 1004년 브릭센 대주교가 독일 황제 헨리크 2세에게 블레드 지역을 하사 받은후 18세기에 이르러 현재의 블레드 모습을 갖추었다고 한다. 성안에 있는 박물관안에는 블레드의 선사시대부터 중세시대까지의 유물 및 역사등이 배치되어 있다.

블레드 성 [Bled Castle]

블레드 성 [Bled Castle]

블레드 성 [Bled Castle]

무어인젤 [Murinsel]

무어인젤은 오스트리아의 그라츠의 무어 강에 떠 있는 인공섬으로 2003년 그라츠시가 유럽문화도시로 선정되면서 함께 지은 건축물이다. 위쪽에서 봤을 때 입을 반쯤 벌린 조개나 강물의 소용돌이를 형상화한 모양이며, 강수량에 따라 높이가 조절되도록 설계하였다. 인공섬 외부는 야외무대로 꾸며져 있어 소규모 콘서트와 다양한 문화행사가 열리는 장소로 쓰이고, 안쪽에는 투명유리 공간으로 된 카페가 있다.

Bosna

북쪽과 서쪽으로는 크로아티아, 동쪽으로는 세르비아, 동남쪽으로는 몬테네그로와 국경을 접하고 있어 비잔틴문화 · 슬라브문화 · 이슬람문화가 혼재되어 있는 나라이다. 1990년 탈냉전 이후 문화 · 종교적 차이로 인한 민족갈등이 폭발하여, 분리 독립을 원하는 이슬람교도 · 세르비아인 · 크로아티아인 사이에 내전이 발생하고, 세르비아인에 의한 인종청소로 이어져 국제사회의 개입과 1995년 12월 데이턴(Dayton) 평화협정 체결을 초래하였다. 이 협정으로 보스니아-헤르체고비나 연방(이슬람계-크로아티아계 연방)과 스르프스카공화국(Republika Srpska:세르비아계 공화국)의 1국가 2체제를 수립하고 각각 입법부와 대통령을 두는 복잡한 정치체계를 갖게 되었다. 행정구역은 2개의 최고 행정구(first-order administrative division)와 1개의 국제관리구(internationally supervised district)로 이루어져 있다.

[출처]_두산백과

하스레브 베이 모스크 [Gazi Husrev Beg Mosque]

사라예보를 대표하는 이슬람 건축물로 이슬람 교도들의 안식처이며 오토만 건축의 대표적인 건축물이다.
1530년 오스만 제국 때 지어졌으며 주변에 신학교 메드레세, 공중목욕탕, 공중 화장실, 무료취사장 등 민생과 함께 했던 흔적이 고스란히 남아 있다.

전통가옥 [Svrzina House]

1640년 이전부터 있었지만, 1697년 화재로 소실되었다가 18세기에 재건하였고, 이슬람인 상인과 가족이 살던 집이다.
이슬람인 주거공간의 대표적인 건축양식을 따르며 개인적인 공간과 공동공간으로 나누어져 있다. 1960년부터 일반인에게 공개되었다.

모리카여관

16세기 전반에 카라반을 위한 숙소로 지어진 건물로 40개의 방에 300명을 수용할 수 있다.
지금은 변호사 사무실로 쓰이고 있으며 넓은 복도에는 작품들이 전시되어져 있다.
목재로 지어진 여관 건물은 채광을 위해 천장을 과학적으로 설계했다.

실내건축가 이창근의 스케치 이야기
그림이 있는 여행

이창근 글 · 그림

1판 발행 2012년 11월 20일 발행

발행인 김기현
발행처 시공문화사 *Spacetime*
등 록 1993년 3월 12일
주 소 서울시 서대문구 현저동 200 극동빌딩 5층
전 화 02) 3147-1212, 2323
전 송 02) 3147-2626
ISBN 978-89-5592-241-7
http://www.spacetime.co.kr
spacetime@korea.com

정가 12,000 원